项目名称及编号：创新医疗设备应用示范—基于医共体新型服务模式的创新医疗器械应用示范（2021C03111）

浙江省医疗器械临床评价技术研究重点实验室

常规病理设备临床应用及评价体系构建与实践

冯靖祎　主编

U0211181

ZHEJIANG UNIVERSITY PRESS
浙江大学出版社
·杭州·

图书在版编目（CIP）数据

常规病理设备临床应用及评价体系构建与实践／冯
靖祎主编. — 杭州：浙江大学出版社，2024.3
　　ISBN 978-7-308-24733-7

　　Ⅰ．①常… Ⅱ．①冯… Ⅲ．①病理－诊断－医疗器械
Ⅳ．①TH776

　　中国国家版本馆 CIP 数据核字（2024）第 053895 号

常规病理设备临床应用及评价体系构建与实践
冯靖祎　主编

责任编辑	蔡晓欢
责任校对	潘晶晶
封面设计	戴　祺
出版发行	浙江大学出版社
	（杭州市天目山路 148 号　邮政编码 310007）
	（网址：http://www.zjupress.com）
排　　版	杭州晨特广告有限公司
印　　刷	浙江临安曙光印务有限公司
开　　本	787mm×1092mm　1/16
印　　张	14.25
字　　数	320 千
版 印 次	2024 年 3 月第 1 版　2024 年 3 月第 1 次印刷
书　　号	ISBN 978-7-308-24733-7
定　　价	78.00 元

《常规病理设备临床应用及评价体系构建与实践》

编委会

主　编　冯靖祎

副主编　黄　进　丁　伟　卢如意　孙　静

编　委　陈斯尧　陈　翔　金以勒　李君强　刘　剑

　　　　罗冰洁　马方华　梅玲明　钱影桦　裘兰兰

　　　　孙　斐　孙文勇　王永胜　王之晨　邬雨芳

　　　　吴　伟　熊　伟　姚洪田　雍　鑫　曾德举

　　　　曾　杉　张　倩　张幸国　周向华

序　一

目前,在临床开展的各种诊断技术中,组织病理学诊断仍然是公认的最值得信赖的、重复性和准确率最高的手段之一,在疾病的诊治中发挥着举足轻重的作用。当前优质病理诊断医疗资源主要集中在大型医院,而基层病理诊断整体服务能力薄弱,主要原因是基层医院病理科面临设备配置难、人员配置不足等发展难题。设备配置的难点之一在于现阶段病理设备市场仍由进口品牌主导,存在价格昂贵、售后服务覆盖面有限等不足。

我国是全球第二大医疗设备市场,但离成为医疗设备生产制造强国还有较大差距。国产医疗设备企业多、规模小、产品质量良莠不齐,同时医院、患者对国产医疗设备的总体信任度还不够高。为改变这一现状,近年来我国密集出台了一系列政策推动国产医疗设备产业的发展,从中央到地方都重视基层医疗机构的建设及医疗资源的配置,相继出台了《"健康中国 2030"规划纲要》《中国制造 2025》《"十三五"医疗器械科技创新专项规划》等政策文件,为增强国产病理创新医疗设备的核心竞争力提供了强有力的政策保障。经过十余年的高速发展,国产病理产品层出不穷,已成为一类全流水线均可国产化的医疗设备。

在这个国产医学装备产业高速发展的当下,本书系统梳理和介绍了常规病理设备,建立了较为全面的常规病理设备评价指标体系,制定了规范的评价方案。本书不仅能够帮助相关从业者了解国产病理设备产品,指导医疗机构尤其基层医疗机构开展国产病理设备的遴选与配置,而且为国产病理设备企业改进升级产品关键技术点提供了方向,值得医疗机构临床工程师、医疗设备技术管理者、病理设备企业等专业人员阅读。

　　是为序。

中华医学会医学工程学分会第六届委员会主任委员

华中科技大学同济医学院附属协和医院重庆医院院长

张　强

目　录

第四篇　展　望

第一篇

总 论

　　疾病的发生过程极其复杂,在病原因子和机体反应功能的相互作用下,患病机体有关部分的形态结构、代谢和功能会发生改变,这些改变是医生研究和认识疾病的重要依据。病理学的任务就是研究疾病的病因、发病的机制、病理的变化,以及转归,从而认识疾病的本质,掌握疾病的发生发展规律,为疾病的防治、康复提供必要的理论基础。病理学技术是病理学的研究方法,其中组织切片和染色技术常用于观察研究组织与细胞的正常形态及病理变化。病理学的理论和实际操作(实操)技术被视为一辆自行车的两个车轮,缺一不可,互为依存,互相促进,两者的结合决定着病理学的发展。

　　本篇为大家介绍病理学、病理科职责、病理设备分类、病理设备产业发展现状、病理设备临床应用现状,以及常规病理设备临床应用评价体系构建的目的和意义等内容,为后面各章的学习提供一个宏观视角和一些基本概念。

第1章 概　述

　　病理学是用自然科学的方法研究疾病的病因、发病机制、形态结构、功能和代谢等方面的改变，揭示疾病的发生发展规律，从而阐明疾病本质的医学科学，被认为是肿瘤诊断的"金标准"。病理设备是医学设备的重要组成部分，与患者的生命安全和身体健康息息相关。随着医学技术的发展，病理设备正逐步从单一功能向着多功能、智能化、全流程方向发展。

　　医疗机构病理科是诊断疾病的重要科室，负责对取自人体的各种器官、组织、细胞、体液及分泌物等标本，通过大体和显微镜观察，运用免疫组织化学、分子生物学、特殊染色，以及电子显微镜等技术进行分析，并结合患者的临床资料，为临床提供疾病的病理诊断。合理配置和应用应确保病理检查服务功能和任务得以满足。病理设备是确保病理诊断质量稳定性及病理报告准确性的关键环节。病理设备作为用于医疗机构或医学院校病理组织学检查的专用设备，应当满足病理检查的服务功能。随着全民健康意识的全面提升与病理诊断技术的不断更新，基于数字化、信息化的远程病理诊断技术创新所引领的先进医疗设备产业的崛起，使传统病理诊断内部流程和外部服务模式发生了重大变革（如图 1-1 所示）。

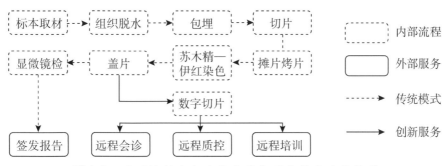

图 1-1　病理诊断内部流程和外部服务模式流程模型

1.1　病理设备的分类

病理诊断分为组织病理、细胞病理、免疫组化病理和分子病理,根据检测方法不同又可分为传统制片技术(石蜡组织制片技术、细胞学制片技术、术中快速冷冻制片技术、特殊染色与酶组化染色技术)、免疫组织/细胞化学技术和分子病理检测技术、生物样本库技术、数字切片技术和人工智能诊断技术。组织病理、细胞病理为形态学观察,是病理诊断的根本,特殊染色与酶组化染色技术、免疫组织/细胞化学技术和分子病理检测技术是病理诊断的辅助手段。

组织病理属于有创检查,适用于临床确诊阶段,尤其是癌症的确诊,诊断准确度高,但所需的诊断时间较长,主要包括标本固定、取材、脱水、包埋、切片、染色和观察过程。组织学检查(通常称为活检)一般可分为石蜡切片和术中冷冻切片两种制片方式,两者应用场景不同,各有优劣。石蜡切片制片过程较为烦琐,耗时较长,一般需要3~5天才能出具诊断结果,但清晰度较高且可以长期保存;术中冷冻切片通过低温将组织快速冷却硬化,仅需半小时左右即可出具诊断结果,一般用于手术中快速诊断,但制片质量不如石蜡切片,存在一定误诊率,且对病理医师要求较高。组织病理设备种类、型号繁多,常用设备包括组织脱水机、组织包埋机、冷冻切片机、石蜡切片机、摊/烤片机、染色机、封片机、显微镜等。其中,组织脱水机主要用于组织标本固定、脱水和透明;组织包埋机主要用于浸蜡和包埋;石蜡切片机和冷冻切片机主要用于切片和贴片;摊/烤片机主要用于摊片和烤片;染色机主要用于染色;封片机主要用于封片;显微镜主要用于病理诊断。

细胞病理学检查是对患者病变部位脱落、刮取和穿刺抽取的细胞进行病理形态学观察并做出定性诊断的过程,根据标本采集方法不同可分为脱落细胞学和细针吸取细胞学。细胞病理学检查主要用于肿瘤的诊断,也可用于某些疾病的检查和诊断,如内部器官炎症性疾病的诊断和激素水平的判定等。临床上细胞病理学检查主要的方法有涂片技术和液基薄层细胞检测(thinprep cytologic test,TCT)技术。传统的涂片技术是将细胞直接涂到玻片上,再经过染色处理后进行观察。这种技术价格低廉,便于普查,但制备的标本细胞堆积在一起,不便于观察,诊断准确率较低,有一定的误诊、漏诊率。TCT技术是将脱落细胞至装有固定液的小瓶子里,经过离心、制片、染色等步骤,获得较为优质的涂片,这种技术筛查率较高,漏诊率较低。目前,TCT技术已经基本取代涂片技术用于宫颈癌筛查。该技术用到的细胞病理设备主要为液基薄层细胞制片仪(包括细胞制片染色一体机),配套试剂包括缓冲液、巴氏染色液、提取液、稀释液、细胞保存液等。此外,细胞制片辅助设备有离心涂片机、全自动样本处理机、自动样本转移机、液基细胞智能筛查系统等。

免疫组织化学技术通过被标记的特异性抗体对组织切片或细胞标本中某些抗原的分布和含量进行组织和细胞原位定性、定位或定量研究,以判断组织的病理生理状态。免疫组织化学技术的具体操作需经过组织固定、包埋、切片、脱蜡和水化、抗原修复、细胞通透、一抗和二抗孵育、显色、复染、脱水、封片和观察等一系列步骤,主要应用于确定肿瘤的组织发生和肿瘤分型、判断某些恶性肿瘤的转归、预后,以及指导临床的用药。免疫组织化学(免疫组化)技术的核心设备是免疫组化染色仪,最新的全自动染色仪可以实现从烤片到复染过程的全自动化操作,有效避免了人为误差,保证了实验结果的稳定可靠。此外,免疫组化试剂属于体外诊断试剂,目前在我国归类为医疗器械进行管理,其中免疫组化抗体试剂大多按照Ⅰ类体外诊断试剂进行管理,与伴随诊断相关的抗体试剂则归为Ⅲ类;免疫组化配套试剂(如二氨基联苯胺染色液、抗原修复液等)属于Ⅰ类体外诊断试剂,只需进行备案管理。

分子病理诊断是利用分子生物学技术,从基因水平检测细胞和组织的分子遗传学变化,以协助病理诊断和分型、指导靶向治疗、预测治疗反应及判断预后的一种病理诊断技术,主要应用场景为伴随诊断治疗。目前,分子病理技术主要包括聚合酶链式反应(polymerase chain reaction,PCR)、荧光原位杂交(fluorescence in situ hybridization,FISH),以及高通量测序(又称下一代测序技术,next-generation sequencing technology,NGS)。分子病理检测所需的设备主要包括核酸提取仪、核酸分子杂交仪、PCR 仪、基因芯片仪和基因测序仪。核酸提取仪主要用于提取样本核酸;核酸分子杂交仪主要用于核酸分子杂交;PCR 仪主要用于特定 DNA 的扩增和检测;基因芯片仪主要用于将设计好的核酸片段有序地固定在固相支持物上,并与 PCR 扩增之后的产物进行杂交;基因测序仪主要用于测定 DNA 片段的碱基顺序、种类和定量。此外,还有分子即时检验(point-of-care testing,POCT)仪器、核酸质谱仪、分子 FISH 产品等细分领域产品。

1.2 病理设备产业发展现状

2020 年《世界病理学大会报告》的数据显示,预计到 2024 年,全球病理行业市场规模将从 2019 年的 303 亿美元增长至 444 亿美元,复合年增长率为 6.1%。2020 年,全球组织病理和细胞病理市场规模合计达到了 123.5 亿美元,预计 2021—2028 年将以 14.74% 的复合年增长率增长。从国内市场来看,病理行业的潜在市场规模约为

400亿元,其中,组织病理潜在市场规模为20亿～30亿元、细胞病理潜在市场规模超300亿元、免疫组化病理潜在市场空间超40亿元、分子病理潜在检验空间超50亿元。目前,病理设备品牌主要包括徕卡(Leica Biosystems)、赛默飞(Thermo Fisher Scientific)、樱花(Sakura Finetek)、麦尔斯通(Milestone Medical)、安捷伦(Agilent Technologies)、罗氏诊断(Roche Diagnostics)、碧迪(Becton,Dickson and Company)、雅培(Abbott Laboratories)、强生(Johnson & Johnson)等进口品牌,以及达科为(Dakewe)、安必平(ABP Medicine Science & Technology)等国产品牌。

组织病理分为石蜡切片技术和术中切片技术,技术均较为成熟。根据全球新闻专线(Global News Wire)的数据,2017年全球组织病理设备规模约为56.3亿美元,预计2017—2025年复合增速为4.37%。目前,全球组织病理学设备市场由徕卡、赛默飞、樱花等厂商主导,这些厂商的产品线一般较全,基本覆盖组织病理制片全环节。我国2018年新增癌症患者414万人,假设组织切片之前的影像学检测准确率为70%～90%,且每位患者都依靠组织切片确诊,综合参考各地医疗服务收费标准,可以估算我国组织病理市场规模为23.5亿～30.2亿元。目前,我国大型三甲医院与第三方医学诊断的组织病理设备主要还是由徕卡、赛默飞等进口品牌主导,未来国产替代仍然是病理设备发展的主旋律。

在宫颈癌细胞学筛选方面,TCT技术已逐步替代传统巴氏涂片。根据全国体外诊断网(CAIVD)蓝皮书数据,目前我国液基薄层细胞制片仪市场由外资品牌主导,主要外资品牌包括豪洛捷和BD,主要国产品牌包括安必平、泰普生物、广州鸿琪、迈克生物等,部分国产仪器的参数水平已与进口仪器相当。根据第七次全国人口普查的统计数据,我国21～65岁适龄女性人数约为4.58亿。假设每3年进行一次宫颈癌筛查,按照健康中国行动的妇幼健康目标,再假设全国适龄女性筛查渗透率达80%,其中开展巴氏涂片检测的比例为30%,TCT比例为65%(其余5%为human papillomavirus检测),综合参考各地医疗服务收费标准,可推算出我国宫颈癌细胞学筛查终端市场容量约214亿元。另外,加上胸腹水、脑脊液、痰、穿刺液、内窥镜刷片等细胞学检查,我国细胞病理的市场规模合计估计已超300亿元。

免疫组化病理临床上用于进一步的肿瘤分型、预后监测等。根据Market&Market(美国的一家市场研究咨询公司)提供的数据,2020年全球免疫组化市场规模约为19亿美元,预计2025年将增长至27亿美元,复合年增长率为6.6%。根据智研咨询数据,2012—2017年我国免疫组化市场规模从9.2亿元增长至18亿元,复合年增长率为14.27%,增速显著高于全球平均水平,预计2025年我国免疫组化病理市场规模将超过40亿元。从竞争格局来看,由于外资企业进入我国较早,目前我国免疫组化病理市场主要由罗氏、丹科等外资品牌主导,合计占据约70%的市场份额。

分子病理属于交叉学科,主要用于伴随诊断场景,核心技术是基因检测。分子病理的使用范围主要集中在组织标本的分子检测,以肿瘤组织标本为主,癌种主要集中在肺癌、结直肠癌和乳腺癌。综合参考各地医疗服务项目收费标准,假设试剂费用占终端收费的 50%,以伴随诊断的 58% 作为分子病理的市场空间,再假设到 2025 年我国肺癌、结直肠癌、乳腺癌的渗透率分别提高至 80%、60%、60%,预计分子病理市场空间将超过 50 亿元。国内分子病理诊断市场竞争企业包括艾德生物、华大基因等,检验市场包括金域医学、燃石医学等。未来,随着新靶向药物陆续获批、现有靶向药物适应证进一步拓展以及纳入医保的趋势,伴随诊断基因检测的需求量将迅速增加;同时技术的更新迭代由传统的 qPCR 技术逐渐向高通量 NGS 多基因检测发展,多基因检测项目将逐渐代替单基因检测项目,预计未来行业能保持 20% 以上的增速。

国家在推动病理设备产业发展方面持续发文。2009 年,卫生部办公厅发布《病理科建设与管理指南(试行)》,提出病理科应当具备与其功能和任务相适应的场所、设施、设备和人员等条件,其中三级综合医院病理科应当设置快速冷冻切片病理检查与诊断室、免疫组织化学室和分子病理检测室等,为病理科病理设备的配置提供了指导。2016 年,国家卫计委发布《病理诊断中心基本标准和管理规范(试行)》,提出了病理诊断中心的设备基本标准,如至少应配置有一台 5 人以上的共览显微镜;应配置相应数量的分子病理诊断和技术设备,如 PCR 室及相应设备、核酸提取设备、分子杂交仪、低温离心机、荧光显微镜等;还应配置专业病理设备,包括密闭式全自动脱水机、蜡块包埋机、全自动染色机、摊片机、石蜡切片机、自动液基薄层细胞制片设备、冷冻切片机(可选)、全自动免疫组化染色机等(专业病理设备需有"国食药监械"级别的医疗器械注册号);应有具备信息报送和传输功能的网络计算机等设备,以及标本管理和报告管理、数字切片管理、质控、浏览及远程会诊等信息系统。同时,《病理诊断中心基本标准和管理规范(试行)》还提出了应当保证病理检测设备的完整性和有效性,由专门技师负责设备的日常维护,对需要检定或校准的检验仪器设备和对病理诊断结果有影响的辅助设备进行定期检定或校准,保证其正常运转。2018 年,国家卫健委和国家中医药管理局在《关于印发全面提升县级医院综合能力工作方案(2018—2020 年)的通知》中提出了要重点加强病理科、医学检验科等学科建设。

国家政策的全面支撑是我国病理诊断行业高速发展的重要保障,也为病理设备产业发展带来持续稳健的增长动力。从进出口贸易数据来看,我国病理设备的进出口贸易数据在近几年整体呈现增长趋势。以切片机为例,根据中国海关数据(如图 1-2 所示),2017—2021 年我国切片机(HS 编码 90279000.00—检镜切片机、理化分析仪器零件)进口数据保持稳定增长,出口数据同样整体保持增长趋势。从国产替代来看,目前虽然病理设备国产化程度仍较低(如图 1-3 所示),但近年来国家一直在鼓励和支持国产病理设备自主创新,加快推动国产创新病理设备的发展。此外,国家在近年来出台了一系列政策来保障上游供应链的安全稳定,为国产产品保驾护航。

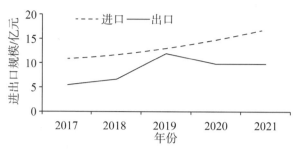

图 1-2 2017—2021 年我国切片机进出口数据

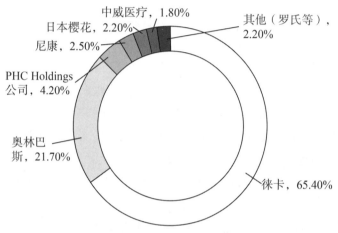

图 1-3 病理设备占比情况

病理检查在肿瘤领域有着极为广泛的应用。虽然肿瘤的诊断有多种形式,但是目前病理报告被公认为肿瘤的"最后判决",也是肿瘤诊断的"金标准"。得益于我国两癌筛查的大力普及与推广,组织病理和细胞病理市场成长空间巨大;免疫组化病理、分子病理的驱动力则主要来源于逐年上升的肿瘤发病率,以及各类靶向药带来的伴随诊断需求。从病理设备市场看,近些年,国内病理设备产业迅猛发展,涌现出达科为、克拉泰、上海韬涵、金华科迪、安必平、察微、瑞沃德、迪英加、江丰生物等一批优秀的病理设备国产品牌,在部分领域已逼近甚至超越外资品牌,国产替代是持续不变的主旋律。

第2章 常规病理设备临床应用现状

本章内容基于"十三五"国家重点研发计划项目《基于医疗"互联网＋"的国产创新医疗设备应用示范》。为分析浙江省不同层级医疗机构病理设备配置状况及其与病理诊断服务需求的相关性，该项目组于 2018 年对浙江省 161 家医疗机构病理科实施调研，以明确不同层级医疗机构病理设备的实际配置需求，了解病理设备的临床应用情况。

2.1 医疗机构病理设备配置及需求情况

2.1.1 病理设备配置

（1）数字化设备：2018 年调研的浙江省 161 家医疗机构中，配备数字切片扫描仪的有 47 家，占29.19％（47/161）；具备病理远程会诊平台的有 46 家，占 28.57％（46/161）；二级乙等（二乙）医疗机构均无数字切片扫描和病理远程会诊平台。三级乙等（三乙）、二级甲等（二甲）医疗机构的数字切片扫描仪均为国产设备，三级甲等（三甲）医疗机构国产设备配置达到 66.7％，数字化病理设备在浙江省被大多数医疗机构所认可（如表 2-1 所示）。

表 2-1 病理科数字化设备

| 单位类别 | 数字切片扫描设备 | | | | 病理远程会诊平台 |
| | 单位数 | 总数 | 国产设备 | | 单位数 |
			台数	国产占比	
综合性医院	38	41	36	87.80%	37
三甲	14	15	10	66.67%	12
三乙	9	11	11	100.00%	10
二甲	15	15	15	100.00%	15
二乙	0	0	0	0	0
专科医院	8	8	7	87.50%	8
三甲	3	3	2	66.67%	3
三乙	3	3	3	100.00%	3
二甲	2	2	2	100.00%	2
二乙	0	0	0	0	0
病理诊断中心	1	1	0	0	1
总计	47	49	43	87.76%	46

国产数字切片扫描仪品牌主要有宁波江丰、麦克奥迪,其中前者占比为 67.4%,后者为 26.0%。病理远程会诊接入平台主要有浙江省病理远程会诊中心平台、浙江大学医学院附属第一医院远程会诊平台、国家病理质控中心远程会诊平台、浙江大学医学院附属第二医院远程会诊平台、宁波病理诊断中心远程会诊平台等。

(2)配套病理设备:161 家调研单位配套病理设备配置情况如表 2-2 所示,除封片机外,其余配套病理设备均有不同程度的国产设备使用率。其中,摊/烤片机国产设备占比最高;其次为包埋机;切片机和显微镜国产占有率相对较低。

表 2-2　配套病理设备

单位类别	切片机		摊/烤片机		脱水机		包埋机		HE染色机		封片机		包埋盒打号机		显微镜	
	台数	国产占比	台数	国产占比	台数	国产占比	台数	国产占比	台数	国产占比	台数	国产占比	台数	国产占比	台数	国产占比
综合性医院	259	1.2%	155	46.5%	203	16.3%	165	35.8%	78	3.8%	69	0	36	5.6%	857	1.9%
三甲	94	1.1%	62	54.8%	63	1.6%	49	22.4%	28	0	24	0	19	0	380	1.8%
三乙	80	0	57	36.8%	66	3.0%	48	27.1%	34	5.9%	29	0	12	8.3%	294	2.0%
二甲	70	0	31	38.7%	58	31.0%	55	41.8%	16	6.3%	16	0	5	20.0%	163	1.2%
二乙	15	13.3%	5	100%	16	75.0%	13	92.3%	0	0	0	0	0	0	20	5.0%
专科医院	60	1.7%	38	57.9%	48	20.8%	45	40.0%	16	12.5%	12	0	6	16.7%	169	4.1%
三甲	28	0	20	45.0%	23	13.0%	19	15.8%	11	9.1%	10	0	5	20.0%	90	3.3%
三乙	21	0	12	75.0%	15	20.0%	16	50.0%	3	0	2	0	1	0	54	0
二甲	10	10.0%	5	60.0%	9	44.4%	9	77.8%	2	50.0%	0	0	0	0	25	16.0%
二乙	1	0	1	100%	1	0	1	0	0	0	0	0	0	0	0	0
病理诊断中心	19	0	23	69.6%	9	0	9	0	10	0	8	0	7	28.6%	90	22.2%
总计	355	1.1%	233	48.1%	271	15.9%	227	37.0%	110	5.5%	93	0	58	12.1%	1255	3.5%

2.1.2 病理诊疗服务和病理设备需求

(1)医疗机构层级分类:"十三五"国家重点研发计划项目《基于医疗"互联网＋"的国产创新医疗设备应用示范》项目组于 2018 年对 5 家县级基层医疗机构(新昌县人民医院、三门县人民医院、淳安县第一人民医院、缙云县人民医院、宁波市北仑区人民医院)、3 家省级医疗机构(浙江省肿瘤医院、浙江大学医学院附属第一医院、浙江大学医学院附属邵逸夫医院)及 1 家市级病理诊断中心(宁波市临床病理诊断中心)进行实地调研,进一步得出不同层级医疗机构的病理服务需求,以及与之相适应的病理设备配置要求。根据病理服务能力、辐射人群、医疗机构等级要素,我们将 5 家县级基层医疗机构归类为区县级医疗机构,3 家省级医疗机构归类为省市级医疗机构,1 家市级病理诊断中心归类为第三方病理中心。

(2)不同层级医疗机构病理诊疗服务需求:

1)省市级医疗机构病理科辐射全省及相应地级市,担负大量病理医疗服务工作,需要开展常规组织学病理诊断,解决乳腺、胃肠、胸部、女性生殖系统、淋巴造血系统等肿瘤性病变的重要鉴别诊断与定性诊断,接受区县级基层医疗机构疑难病理会诊,接受辐射区域内基层病理人员的业务培训,对区县级医疗机构病理服务实施质控督查。

2)区县级医疗机构病理科覆盖县域内基层人群,需要解决乳腺、女性生殖系统、呼吸系统等良性病变的定性诊断,向省市级医疗机构或第三方病理中心输送恶性肿瘤性病变及疑难病理会诊,规划机构内病理人员的业务培训和能力提升。

3)区县级医疗机构未设置病理科的,相关病理诊疗服务需输送至第三方病理中心进行常规病理制片并诊断;术中快速病理诊断服务由区县级医疗机构内部完成快速制片,再由第三方病理中心实施远程诊断;病理样本收集、取材与转运由第三方病理中心实施。

4)第三方病理中心需要开展常规组织学病理诊断,接收区县级未设置病理科的医疗机构的病理诊断,同时承接区域内区县级医疗机构病理科疑难病理会诊和病理专业人员培训与质控。

(3)不同层级医疗机构病理设备配置数量和种类需求:不同层级医疗机构的病理设备配置需基于不同层级医疗机构病理服务分析,同时结合病理专业相关指南,围绕以下几点进行:①必须满足不同层级医疗机构病理诊断服务组织学检查的最基本需要;②必须符合不同层级医疗机构病理诊断检查流程和服务量;③必须适应不同层级医疗机构远程病理诊断同质化服务创新模式。因此,我们对不同层级医疗机构病理设备配置需求提出以下设想。

1)省市级医疗机构:配置足够的包埋盒打号机、全自动组织脱水机、石蜡包埋机、病理切片机、摊/烤片机、生物显微镜等一系列配套基础病理设备,以满足基础组织形态学检查;配置全自动 HE 染色机、自动盖片机以适应大量病理检查服务需要;配置必要的数字切片扫描设备,以满足区县级医疗机构远程病理培训及远程病理质控需求。

2)区县级医疗机构病理科:配置足够的包埋盒打号机、全自动组织脱水机、石蜡包埋机、病理切片机、摊/烤片机、生物显微镜等一系列配套基础病理设备,以满足基础组织形态学检查;配置必要的数字切片扫描设备,以满足远程病理会诊、培训及质控需求。

3)区县级医疗机构无病理科的:配置数字切片扫描设备,以满足远程术中快速病理诊断服务,并参与第三方病理中心与病理样本取材、收集和转运相关的培训和质控。

4)第三方病理中心:配置足够的包埋盒打号机、全自动组织脱水机、石蜡包埋机、病理切片机、摊/烤片机、生物显微镜等一系列配套基础病理设备,以满足基础组织形态学检查;配置全自动 HE 染色机、自动盖片机,以适应大量病理检查服务需要;配置必要的数字切片扫描设备,以满足区县级医疗机构远程病理培训及远程病理质控需求。

综上所述,不同层级医疗机构病理诊疗服务和病理设备配置需求如表 2-3 所示。

表 2-3　不同层级医疗机构病理诊疗服务和病理设备配置需求

医疗机构层级	病理诊疗服务需求	病理设备配置要求
省市级医疗机构	1. 大量常规组织学病理诊断,多系统肿瘤性和非肿瘤性疾病; 2. 区县级基层医疗机构疑难病理会诊; 3. 基层病理人员的业务培训; 4. 区县级医疗机构病理服务实施质控督查	数字切片扫描设备、包埋盒打号机、全自动组织脱水机、石蜡包埋机、病理切片机、摊/烤片机、生物显微镜、全自动 HE 染色机、自动盖片机
区县级医疗机构（有病理科）	1. 常规组织学病理诊断,呼吸、消化、妇科等非肿瘤性疾病和少量肿瘤性疾病; 2. 向高层级输送恶性肿瘤性病变及疑难病理会诊; 3. 规划机构内病理人员的业务培训和能力提升	数字切片扫描设备、包埋盒打号机、全自动组织脱水机、石蜡包埋机、病理切片机、摊/烤片机、生物显微镜
区县级医疗机构（无病理科）	1. 远程术中快速病理诊断; 2. 向第三方病理中心输送病理样本; 3. 接受第三方病理中心样本取材、收集与转运培训及质控	数字切片扫描设备
第三方病理中心	1. 接收区县级无病理科医疗机构病理诊断; 2. 向区县级无病理科医疗机构实施病理样本收集与转运培训及质控; 3. 承接区县级医疗机构病理科疑难病理会诊和病理专业人员培训与质控	数字切片扫描设备、包埋盒打号机、全自动组织脱水机、石蜡包埋机、病理切片机、摊/烤片机、生物显微镜、全自动 HE 染色机、自动盖片机

2.2 常规病理设备临床应用基本流程

病理诊断服务流程涵盖 9 种病理设备（如图 2-1 所示），包括远程病理设备：数字切片扫描设备；基础病理设备：包埋盒打号机、全自动组织脱水机、石蜡包埋机、病理切片机、摊/烤片机、生物显微镜；自动化病理设备：全自动 HE 染色机、自动盖片机。

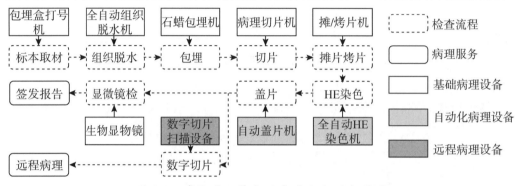

图 2-1 常规病理诊断服务流程与设备种类

2.3 国产与进口病理设备临床应用情况

通过调研发现：2017 年前，宁波病理中心所使用的病理专业设备以进口为主，包括德国徕卡自动脱水机及石蜡切片机、日本樱花自动脱水机、赛默飞冷冻切片机、罗氏免疫组化机、DAKO 染色封片机、日本滨松数字扫描仪、日本奥林巴斯显微镜等，设备采购成本高，日常维修费用也高，每年需投入约 600 万元；2017 年起，国产病理设备陆续上市，宁波病理中心于 2018—2020 年先后采购了与远程病理数字化诊断相关的国产医疗设备总计 45 台，主要有包埋盒打号机、数字病理切片扫描仪、国产切片机、全封闭组织脱水机、生物显微镜等（如表 2-4、图 2-2 至图 2-4 所示），病理设备每年投入经费与以往相比节省 30%。

表 2-4　宁波病理中心 2018—2020 年配置的国产医疗设备

序号	产品名称	型号	厂家	数量	采购年份
1	研究级正置生物显微镜	RX50	宁波舜宇	20	2018
2	全封闭组织脱水机	HP300	深圳达科为	8	2019
3	包埋盒打号机	CPS 系列	无锡启盛	2	2019
4	自动盖片机	CW-400	宁波察微	1	2019
5	数字病理切片扫描仪	KF-PRO-005	宁波江丰生物	5	2019
6	半自动石蜡病理切片机	CR-601ST	金华克拉泰	4	2020
7	数字病理切片扫描仪	KF-PRO-400	宁波江丰生物	5	2020

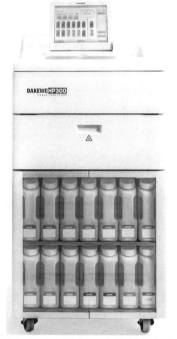

图 2-2　深圳达科为全封闭组织脱水机(HP300)

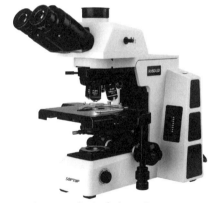

图 2-3　宁波舜宇研究级正置生物显微镜(RX50)

图 2-4　宁波江丰生物数字病理切片扫描仪(KF-PRO-400)

这些国产设备在经济性、智能化、维修性等方面与进口设备相比有较大优势,在病理领域中的应用大大提高了病理组织切片的制片质量,为远程数字切片扫描提供了保障,进一步满足了临床的日常工作需求。

宁波病理中心为推进数字病理数据中心的建设,购置了大容量国产数字病理切片扫描仪。该国产设备一次性可装载 400 张病理切片,属国内首创,真正实现了高通量、高精度的全自动切片扫描仪,整体性能与进口设备相当,日扫描能力达 1600 张左右。该国产设备扫描分辨率高、速度快、操作方便。目前,该设备主要应用于开展远程疑难病理会诊、远程术中冰冻会诊、数字病理数据库建设,实现基层医院与国内优质专家资源的对接,规避玻璃切片存储方式存在褪色的弊端,便于管理、查阅、学习,提升病理教学、培训质量,使学生、低年资的病理医师能够更好地使用现有教学资源。该设备凭借其清晰真实的数字扫描质量和稳定的操作系统,为区域内病理远程诊断、病理质量控制、年轻病理医师培训学习等提供了有效保障,可提高基层医院病理诊断水平。

宁波病理中心现在主要开展组织病理学诊断、细胞学病理诊断、术中冷冻诊断、免疫组化、特殊染色、分子病理检测等病理检查工作,2017 年以来,该中心年工作量逐年递增,且该中心的国产设备运行稳定、可靠。2018 年,完成送检标本检测 41.9 万例;2019 年,完成送检标本检测 47.4 万例;2020 年,完成送检标本检测 45.2 万例。常规组织病理诊断及时率 99.15%,术中冷冻快切诊断及时率 98.38%,术中冷冻与石蜡诊断符合率 98.73%,细胞病理学诊断及时率 99.92%,细胞学与组织病理诊断符合率 99.27%,各项主要质控指标均达到国内先进水平。宁波病理中心 2018—2020 年工作量如表 2-5 所示。

表 2-5 宁波病理中心 2018—2020 年工作量统计 (单位:例)

序号	项目	2018 年	2019 年	2020 年
1	组织病理学诊断	286840	322534	295284
2	细胞学病理诊断	126966	134619	136478
3	术中冷冻诊断	26838	30399	31481
4	免疫组化(例数/片数)	15233/129226	16709/164565	19462/177540
5	特殊染色	3811	3920	4105
6	分子病理检测	1069	1906	2152

病理设备的临床应用评价对于国产病理设备的性能优化与改进具有很大的帮助。因此,应定期收集各层级医疗机构国产和进口病理设备应用数据,分析国产病理设备与同类进口设备之间的性能差异和不同层级医疗机构的适用性。评价数据类型包括设备种类、设备品牌、设备数量、使用次数、故障次数、单位应用评价等,数据收集

周期为 1 个月。

对国产病理设备新配置解决方案在浙江省 3 家省市级医疗机构、1 家区域病理诊断中心及 5 家基层示范点 2020 年 1—12 月的临床应用评价结果进行分析(如表 2-6 所示),国产病理设备总应用次数达 2333 次,总故障率 2.91%,综合应用评价得分 93.44 分;同类进口设备总应用次数达 2077 次,总故障率 3.03%,综合应用评分 92.44 分。国产设备如数字切片扫描设备、摊/烤片机、石蜡切片机、显微镜、脱水机、包埋盒打号机的产品性能已相当于国际同类水平。

表 2-6 2020 年 1—12 月病理设备临床应用评价结果

设备种类		设备数量	使用次数	故障率	综合应用评分
数字切片扫描设备	进口	2	21	5.19%	91
	国产	19	254	4.21%	96
摊/烤片机	进口	71	239	0.50%	95
	国产	21	241	0.40%	95
包埋机	进口	45	245	3.20%	98
	国产	4	266	4.23%	96
石蜡切片机	进口	68	266	1.32%	94
	国产	13	266	1.29%	94
自动盖片机	进口	26	249	5.98%	90
	国产	3	250	6.12%	93
显微镜	进口	132	270	0.98%	96
	国产	41	269	0.89%	93
脱水机	进口	45	265	3.27%	89
	国产	16	265	3.01%	92
染色机	进口	29	258	2.93%	91
	国产	1	258	2.99%	90
包埋盒打号机	进口	31	264	5.87%	88
	国产	13	264	3.21%	92

2.4 常规病理设备在临床应用过程中的常见问题

目前,国产病理设备的临床认可度不断提高,但仍存在省市级医疗机构临床应用普及率低、区县级基层医疗机构不可及的尴尬处境。省市级医疗机构病理科医疗资源充足,长期以来进口设备占比90％以上,且由于各种原因,主观意愿上不认可、不愿使用国产病理设备。基层医疗机构尽管面临着区域优质医疗资源严重不足、病理设备配置及人员无法承担相应的病理形态学基础诊断任务等难题,但还是宁愿高价购买进口病理设备而不选择国产病理设备。究其原因,一是国产病理设备尚处于跟跑阶段,核心技术积累还有一定差距;二是省市级医疗机构未发挥引领示范作用,各层级医疗机构的病理从业人员对国产病理设备的固有观念有待扭转;三是国产病理设备缺乏临床应用评价标准,未经临床评价的国产病理设备一旦在基层医疗机构产生较差体验,将影响各级医疗机构对国产病理设备的整体认同感。

综上所述,国产病理设备要真正推广应用于临床,还需通过省市级医疗机构引领性应用示范,向基层医疗机构集中展示国产病理设备的新技术、新成果,尤其应扩大具备自主知识产权的优势国产病理设备的影响力和知名度,同时通过临床应用评价,向企业提出国产病理设备的改进建议,并提出客观科学的应用评价,以促进提升国产病理设备的自主研发和创新能力。

第3章 常规病理设备临床应用评价概述

3.1 医疗设备临床应用评价简介

上市后医疗设备的临床使用监管与医疗质量、医疗安全及医疗费用等密切相关，因此近年引起国家卫生健康行政部门的高度重视。2021年，国家卫生健康委员会颁布《医疗器械临床使用管理办法》，该办法自2021年3月1日起施行，围绕医疗器械临床使用的监管与评价，从行政法规层面对各级卫生健康主管部门和医疗机构医疗器械的临床使用提出具体要求，旨在保障医疗器械临床使用安全有效。

根据国家卫生健康委员会医院管理研究所编著的《基于真实世界证据的医疗器械临床使用评价指南（2.0版）》，医疗器械临床使用评价是一种改进医疗器械临床使用的方法，其着眼于对临床使用医疗器械产品过程的评价和改进，以达到优化患者治疗效果的目的。

医疗设备临床应用评价的方法有多种，主要有主观评价、真实世界研究、实验性研究、观察性研究、动物实验和性能测试评价等。评价对象可以是一个医疗设备，也可以是一类医疗设备。医疗设备临床应用评价主要根据设备功能性能、使用场景、使用适应证和使用效果等，从设备临床使用的安全性、有效性、可靠性、适宜性、经济性、人因工程学、服务体系和社会适应性等角度确定评价指标并开展评价，能够衡量上市后医疗设备临床使用价值和患者效益，促进医疗机构医疗设备的合理选择与使用。

由于医疗设备种类繁多，其工作原理、使用场景和目的等各不相同，对应的评价指标也有所差异。确定医疗设备具体评价指标的常用方法之一是德尔菲法，即选取对应领域内一定数量的专家，多次征询其意见并进行整理、归纳、统计，直到专家们意见一致，即可得到设备评价指标。评价指标可分为主观评价指标和客观评价指标，针对具体指标，应选择合适的方法开展对应研究，对各指标合理分配权重将评价指标量化。目前用于指标权重确定的方法较多，常见的有层次分析法、主成分分析法、加权平均数法、因子分析法、德尔菲法、熵权法、专家排序法、模糊综合评价法、秩和比法及优序图法等。

医疗设备临床应用评价是在临床真实场景中开展的设备使用评价,而医护人员操作设备水平的差异性会对临床应用效果产生影响,因此,应在评价前对医护人员进行系统培训,对开展评价的医护人员设置对应的入组条件,如工作年限、职称、所属科室、同类设备熟悉程度等,尽量消除评价过程中人和其他环境因素带来的偏倚。

3.2　病理设备临床应用评价体系建设的目的

通过文献分析法、德尔菲法、层次分析法等方法和理论,针对系列病理设备,建立一系列有效的病理设备评价指标体系,依托省级医疗机构的医疗资源,在国产与进口之间、不同品牌之间、同品牌不同型号之间,开展全系列病理设备的临床有效性、功能适用性等评价,为政府部门和医疗机构提供理论基础及评价工具。病理设备使用人员通过对病理设备开展临床应用评价,形成系列量化的、科学的病理设备临床应用评价报告,为生产企业提供病理设备功能、性能等方面改进提升的建议,全方位促进病理产品迭代升级,加速系列国产病理设备实现替代,更好地促进系列国产病理设备在医疗机构病理科的应用,进而促进我国卫生事业的可持续发展。

3.3　病理设备临床应用评价体系建设的意义

进入 21 世纪以后,医疗器械技术飞速发展,推动着医学技术不断革新。医疗设备的临床适用性和质量往往影响着诊疗水平,因此面对种类繁多的医疗设备,医疗设备管理部门应建立统一的评价标准,一方面通过评价辅助医疗机构选择合适的医疗器械,另一方面通过评价促进医疗器械的功能完善和性能提升。目前,虽然已有不少文章介绍医疗设备售后服务方面的评价指标体系,但针对医疗设备本身安全性、技术性能、临床适用性、易用性、可靠性等全方位的评价体系尚缺乏。病理类设备作为医疗机构病理科必备的、常用的医疗设备,被广泛应用于省、市、县等各层级医疗机构。目前,市场上的病理设备品牌繁多、性能参差不齐,国产与进口之间、不同品牌之间的功能和性能有差异但未量化。因此,医疗设备管理部门应通过建立系列病理设备评价指标体系,完成国产与进口多个品牌的多类病理设备的评价,为医疗机构尤其是基层医疗机构开展病理设备评价及选购提供理论依据,为生产企业提供产品设计与改进方面的科学建议,促进国产病理产品各项性能指标完善和提升。

第二篇

常规病理设备原理及临床应用

　　病理科的主要工作内容有取材、脱水、包埋、切片、染色等,用到的常规病理设备有包埋盒打号机、全自动组织脱水机、石蜡包埋机、病理切片机、玻片打号机、摊/烤片机、染色机、封片机、生物显微镜,以及数字病理切片扫描仪等。正确使用和妥善管理这些常规病理设备是病理科正常运行的根本保证,我们需要根据每台常规病理设备的工作原理和功能,掌握其正确的使用方法和注意事项,确保其在最佳状态下运行,进而保证制片质量。此外,常规病理设备的正常运行也离不开日常维护保养(除尘、除蜡、除水等)、检测与校准,只有常规病理设备正常运行,消除人为主观因素对结果造成的影响,才能为更加精准的诊断结果提供依据。

　　本篇主要汇编了常规病理设备的工作原理、结构组成、临床应用、质量控制、常见故障方面的内容,以期为临床工程师、病理技术员学习和掌握常规病理设备使用方法提供指导。

第4章 包埋盒打号机

　　包埋盒是生物医学领域内常用的一种塑料盒体，材质一般为聚甲醛等塑料，通常用于固化介质包埋微生物、动物或植物细胞，以提供空间支撑和化学保护。在医用病理诊断和研究领域内，需要包埋的材料样本通常来源于患者或实验动物体内取出的活体组织，由医生将取材后的组织放入包埋盒内，经脱水、透明、浸蜡后进行包埋，包埋的介质通常是石蜡，技术人员将目标样本放入模具内用石蜡进行填充，封于包埋盒中。包埋盒包括主盒体和顶盖，主盒体的中间部位截面呈梯形且顶部开放，通常划分为样本包埋区与标记倾斜区，其中样本包埋区用于放置承载目标样本，标记倾斜区用于书写识别信息。包埋盒顶盖用于封闭主盒体的开放顶部，具有与主盒体相匹配的卡扣。

　　在医用病理诊断中，不同的样本完成包埋后需要标记信息以进行区分归纳和保存管理。市面上常用的病理标本的包埋盒由批量注塑生产，其体积较小，内腔尺寸约为 32mm（长）×28mm（宽）×5.5mm（深），标记区尺寸约为 8.5mm×30mm 的平面。不同规格的包埋盒其标记区倾斜平面与底部平面之间的夹角不同，夹角通常呈 30°、45°等角度，而同一规格的包埋盒在生产上还存在倾斜角度的加工误差和标记区平面的平面度误差。

　　包埋盒打印是指在包埋盒标记区增加信息标记，且保证标记信息内容清晰、可长期存储的技术。目前，标记方法可分为传统标记法和自动标记法。传统标记法是标签打印机将相关信息打印在标签纸上后，将标签纸手动粘贴在包埋盒上，传统标记法因需要人员手动粘贴，操作烦琐、效率低下、易于犯错等问题而难以满足包埋盒标记的要求；自动标记法是通过自动化设备在包埋盒标记区进行标注的方法，包括喷墨式打印、色带式转印、激光式打印等。当前市场上主流的是色带式包埋盒打号机和激光式包埋盒打号机，故本书针对此两种包埋盒打号机展开描述。

4.1　工作原理

4.1.1　色带式包埋盒打号机

色带热转印打印技术采用加热的打印头，配合特定的色带，将信息打印到包埋盒标记区，具有打印对比度高、绿色无污染、彩色包埋盒打印无差别等特点。但运用色带技术实现在包埋盒上稳定打印对软硬件的研发能力要求极高，打印针容易断、色带容易断裂、对不同品牌的包埋盒匹配性差等原因造成打印不清楚，维护成本较高。

4.1.2　激光式包埋盒打号机

激光式包埋盒打号机采用成熟的激光打印技术，即采用激光直接标刻技术，通过激光器产生的激光，直接将字符烧灼于包埋盒表面，使其颜色发生变化而进行标识，打印字迹清晰，永不磨损和褪色。打印与送料并行的结构使打印过程与包埋盒推送过程同时进行，提高了打印速度。

激光式包埋盒打号机的工作流程如下。

（1）通过计算机中安装的专用软件，将需要在包埋盒书写面进行标记的内容输入，生成一条打印任务。

（2）专用软件会将打印任务转换成供打号机识别的指令，并通过数据线发送到激光式包埋盒打号机。

（3）激光式包埋盒打号机接收到一条指令后，将包埋盒推送到设备内部的打印工作位置并定位。

（4）探测到工作位置有包埋盒后，激光式包埋盒打号机的嵌入式软件开始协调控制高速扫描振镜与激光发生器，使发出的激光经过扫描振镜（反射镜 1、反射镜 2）的 2 次反射及透镜组的折射后，聚焦到包埋盒书写面。

（5）聚焦过的激光带有极高的能量，可以在瞬间（百微秒级）使被照射到的包埋盒塑料材质变色。

（6）激光的聚焦点经过扫描振镜（反射镜 1、反射镜 2）的规律工作（如图 4-1 所示），可以按既定路线走遍所需标记内容的形状区域，并在每个途经点都加以激光照射，连接形成标记的内容。

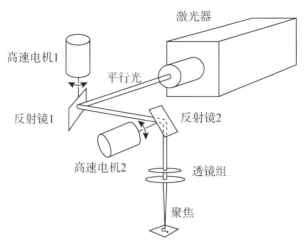

图 4-1　激光打号原理示意

（7）完成标记后，打号机将该包埋盒推出打印工作区域到设备外，供使用者取用。

4.2　结构组成

4.2.1　色带式包埋盒打号机

以上海韬涵 CP-600 色带式包埋盒打号机为例，它包括进盒单元、盒输送单元、打印头单元、色带单元、出盒单元、预热单元，以及监测和控制上述各单元的系统总控单元，如图 4-2 所示。

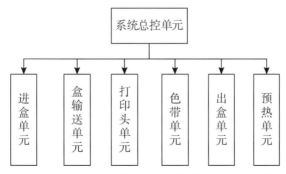

图 4-2　上海韬涵 CP-600 色带式包埋盒打号机

（1）进盒单元：进盒单元（如图 4-3 所示）用于从存放包埋盒的容器中取出包埋盒，并将其翻转至待打印状态，推入至包埋盒输送单元的打印匣内。该仪器的进盒单元具有进盒翻转组件，允许从料斗槽件中取出的包埋盒在进盒翻转组件中可快速地翻转盒体至可打印的位置状态。

进盒单元包括料斗槽件、进盒推头组件和进盒翻转组件。

料斗槽件用于存放待打印的包埋盒,并允许存放的包埋盒依靠自身重力堆叠在槽内。单个料斗槽件设有存放包埋盒的空间,该空间通常可容纳至少 100 个包埋盒。

进盒推头组件不仅用于从料斗槽件中取出包埋盒,而且能将包埋盒推入盒打印匣内。进盒推头组件包括料斗推头、料斗推头导向组件、盒匣推头、盒匣推头导向组件和进盒动力组件。

进盒翻转组件用于将料斗槽件中取出的包埋盒盒体快速地翻转至可打印的位置状态。进盒翻转组件包括翻转滑道、底部进盒支架、顶部进盒支架和滑道支架。翻转滑道、底部进盒支架和顶部进盒支架均固定在滑道支架上,进盒推头组件推动包埋盒通过底部进盒支架和顶部进盒支后,包埋盒会在重力的作用下自动落入并接触翻转滑道,而翻转滑道和滑道支架组成包埋盒运动的滑道空间,包埋盒在该滑道空间内在重力的引导下发生盒体位置的翻转并运动至盒匣推头之前。

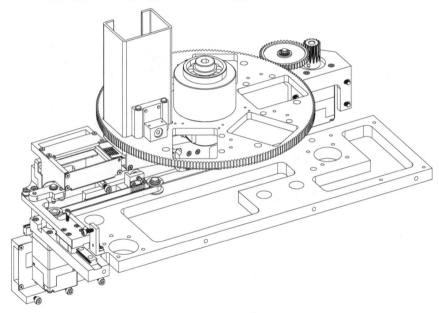

图 4-3　进盒单元

(2)盒输送单元:盒输送单元用于输送和调整包埋盒,其结构包括盒连杆输送单元、盒垂直输送单元和盒打印匣单元。盒连杆输送单元用于在打印前将包埋盒从进盒位置输送至打印位置,并且在完成打印后将包埋盒从打印位置输送至出盒位置;盒垂直输送单元用于在打印时输送包埋盒以完成盒打印区的打印过程;盒打印匣单元用于从出盒单元中装载和容纳包埋盒,且盒打印匣单元具有枢转轴,允许包埋盒在盒打印匣单元内自动旋转以调整盒标记面。

盒连杆输送单元(如图 4-4 所示)包括输送连杆组件和连杆动力组件。输送连杆组件用于从进盒位置输送包埋盒至打印位置和从打印位置输送包埋盒至出盒位置。

输送连杆组件包括四连杆机构,四连杆机构在连杆平面上可从进盒位置摆动至打印位置,再从打印位置摆动至出盒位置。

　　盒垂直输送单元用于在打印时输送包埋盒以完成盒打印区的打印过程,盒垂直输送单元设置在盒连杆输送单元的两个回转支架之间,并沿着回转支架转轴和回转支架辅轴上下滑动。盒垂直输送单元包括垂直输送导向组件和垂直输送动力组件。

　　盒打印匣单元用于从出盒单元中装载和容纳包埋盒,且盒打印匣单元具有枢转轴,允许包埋盒在盒打印匣单元内自动旋转以调整盒标记面。

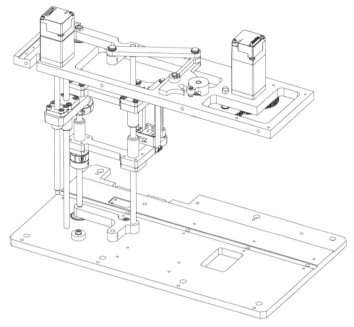

图 4-4　盒连杆输送单元

　　(3)打印头单元:打印头单元(如图 4-5 所示)是用于在包埋盒的标记区进行信息标记的核心部件,包括打印头、打印头支撑件、打印头固定座、固定座导向组件、固定座动力组件和打印换位组件。打印时,打印头需保持一定的预压力将色带压在包埋盒的标记面上,才能保证其局部加热色带后色带的标记材料转移黏附在包埋盒上。打印头在工作时与包埋盒接触的打印平面会发生一定的磨损,随着磨损量的累计会使该处打印平面失效,而常规打印头的打印平面宽度远大于包埋盒标记区的宽度,打印换位组件可移动打印头以更换新的一段打印平面与包埋盒接触,提高单件打印头的利用率,降低维护设备的频率。

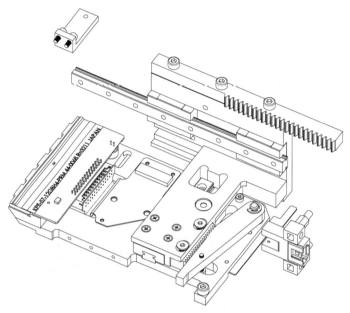

图 4-5　打印头单元

（4）色带单元：色带单元（如图 4-6 所示）提供打印所需色带，包括用于控制色带收放的收带组件和放带组件。

收带组件包括收带轮和收带动力组件。收带轮用于收纳或缠绕色带。收带动力组件用于提供回收色带的驱动力，包括电机及动力传送装置。

放带组件包括放带轮和放带动力组件。放带轮用于收纳或缠绕色带。放带动力组件用于提供回收色带的驱动力，包括电机及动力传送装置。

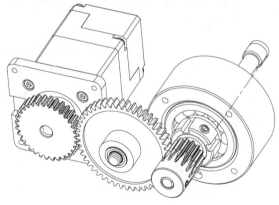

图 4-6　色带单元

（5）出盒单元：出盒单元（如图 4-7 所示）用于识别检验包埋盒标记区的打印质量，排出盒输送单元中的包埋盒，并将合格的包埋盒转移至出盒收集区或将不合格的包埋盒转移至废料收集区。出盒单元包括出盒推头组件、分料挡板组件、分料转槽组件和质检组件。

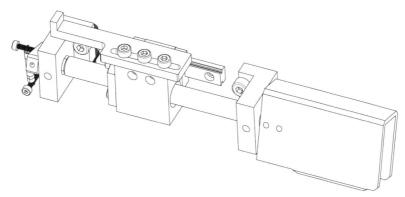

图 4-7 出盒单元

出盒推头组件用于从盒输送单元的盒打印匣中排出包埋盒至分料挡板组件,包括出盒推头、出盒推头导向组件和出盒推头动力组件。分料挡板组件用于分隔出包埋盒的合格品的出盒收集区和不合格品的废料收集区。分料转槽组件用于将排出的包埋盒分拣至出盒收集区或废料收集区。质检组件设置在盒输送单元的出盒位置,其光学照射面正对盒打印匣内的包埋盒标记区平面。质检组件可以读取标记信息的完整度和分辨率,包括承载信息的条形码、二维码等。

(6)预热单元:预热单元(如图 4-8 所示)用于预热待打印包埋盒的标记区,可以消除包埋盒加工误差造成的打印平面与盒标记区平面之间的间隙。预热单元由风机、风道管、加热片和出风口组成。

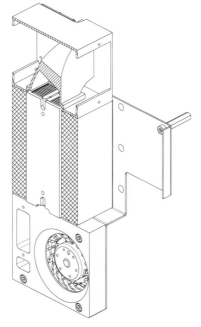

图 4-8 预热单元

(7)系统总控单元:系统总控单元用于控制包埋盒打印系统按预设设置的程序运

行,具有系统实时监控、数据采集和有效反馈的功能,包括控制电路和用户软件,系统通过采集加热片和电机驱动器/编码器反馈的信号,监控打印过程的状态,并分析显示系统实时的运行状态。

4.2.2　激光式包埋盒打号机

以无锡启盛 CPS-6 激光式包埋盒打号机为例,激光式包埋盒打号机主要包括用户操作模块和主机模块,主机模块包括控制模块、包埋盒推送模块、标记模块和电气支持模块,各模块之间的关系如图 4-9 所示。

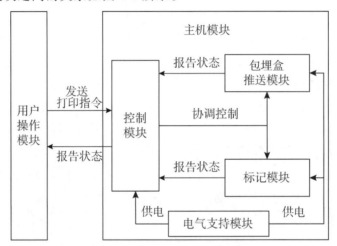

图 4-9　激光式包埋盒打号机各模块之间的关系

4.2.2.1　用户操作模块

用户操作模块一般安装在用户的计算机中,包括打印控制软件和模板编辑软件。

(1)打印控制软件:打印控制软件为使用者提供了一个可视界面,使用者可以在该可视界面中选用预存好的打印模板,在各个字段(如病理号、包埋盒号等)中输入对应的内容,或根据规律设定打印个数,生成一系列的打印任务列于表中,并可以预览打印内容。

列表中的任务会显示其是否完成打印,使用者可以对列表中未完成的任务进行顺序调整、删除,对已完成的任务可以进行重复打印,并且可以查询历史打印记录。

考虑到每个标本的唯一性,有些控制软件在人工建立任务时还提供编号查重功能,避免使用者无意识下重复打印。

大多数的控制软件还可以设定为接收"病理信息系统"发出的打印任务的工作状态,一般称作"对接打印"。该功能需要信息系统支持,即提供发送包埋盒打印内容的功能。

当具备对接打印的条件时,使用者可以在信息系统中选定需要的包埋盒信息,点击"打印包埋盒",此时打号机自动生成任务并开始打印。

每次打印,控制软件均会将指令发送给主机的控制模块,当包埋盒用尽或设备运行出现故障时,控制软件会接收到报告,并在界面中给予提示信息。

(2)模板编辑软件:模板编辑软件可以独立于控制软件之外,或整合在控制软件中,使用者可以通过其提供的功能,建立需要的打印模板。模板编辑软件一般会提供一个编辑界面,使用者可以将需要的文本框、流水号、二维码、图标等元素添加到界面中。加入的各类元素可以任意选定位置,调整尺寸,设置它们的属性,使其满足标记的需要。当需要添加编码时,可选中其中需要加入编码的元素,并调整顺序,后续程序可自动将内容实时编制成二维码或条形码。

模板编辑完成并保存后(如图 4-10 所示),即可由打印控制软件选用了(如图 4-11所示)。

图 4-10　模板编辑软件图例

图 4-11　控制软件图例

4.2.2.2　主机模块

　　主机模块(如图 4-12 所示)即执行打印的主机,它一般包括控制模块、包埋盒推送模块、标记模块和电气支持模块。

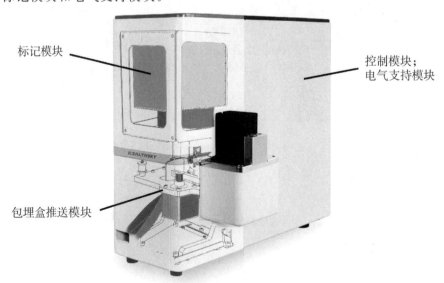

图 4-12　主机模块

　　(1)控制模块一般由嵌入式软件和控制板构成,使用数据线与用户操作模块进行通信。嵌入式软件保存在控制板中，每次通过控制板接收到用户操作模块的打印数据后，会生成一连串用于包埋盒推送模块和标记模块的具体动作指令。这些指令通过控制板上连接着相应模块的信号线，发到执行动作的模块。动作执行过程中，分布在各个模块的传感器会将状态报告至控制板，软件根据传感器报告状态判断动作所处的阶段，并适时发出下一个指令，从而协调各执行模块的规律动作，继而实现整个过程的控制。

（2）包埋盒推送模块一般包括储盒部件、推动部件和打印定位部件。推动部件的电机转动时，通过同步带机构拉动推动杆，从储盒部件中推出一个包埋盒，至打印工作位置，由打印定位部件使其停住。此时包埋盒的书写面会正对激光照射的光路，待标记打印完成后，打印定位部件松开，包埋盒运动到设备外部，方便使用者取用。

（3）标记模块包括激光器和高速扫描振镜。激光器可以受控发射出高能平行光，光斑的直径一般为 3～7mm，光波长有两种，即 355nm 或 1064nm，355nm 为紫外光、1064nm 为红外光，两者均为不可见光，且能量均很高，不仅对眼睛有极大危害，而且会灼伤皮肤，其反射及散射光也可能对人体造成伤害，因此使用时应充分遮罩。如果使用 1064nm 激光器，需要在聚甲醛中掺入镭雕粉，以较好地显色。

高速扫描振镜有两个可高速转动和精准定位的反射镜片，对激光进行偏转，并由出射端的聚焦透镜将激光汇聚成一个极小的光点。每次偏转和聚焦都会在目标面的对应位置处形成一个永久性的黑点，当不同位置的黑点连成规则的形状后，便完成了标记。根据打号机的设计尺寸，振镜的最高分辨率可超过 2500dpi，一般 1.5 秒（时间随标记的内容有变化）即可完成一个包埋盒的标记工作。

激光器的开关时间、高速振镜的偏转角度及停留时间，均受控制模块协调安排，并随时向控制模块报告状态。

（4）电气支持模块主要由各种不同输出电压的开关电源、驱动器等元器件组成。电气支持模块为各个模块提供驱动电源，以及隔离保护等，保障电气安全及各模块的正常工作。

4.3　临床应用

包埋盒打号机被广泛应用于病理科、第三方检验机构和病理实验室，适用于常规的病理学制片、细胞病理学研究、免疫组化检验、药学研究等相关的工作场景，为病理技术员的工作提供了便利。

病理科曾经需要依靠人工对包埋盒进行标记，由于标记的唯一性要求，需要标记人员保持专注,以确保标记清晰、可靠、无错误。在经历较严重的摩擦后,标记有被磨损的风险。标记人员一天需要标记几百个包埋盒,工作量较大,而且人工无法标记供计算机识别读取的编码,不便于信息化管理。

包埋盒打号机可以进行更清晰、工整、牢固的标记,且带有查重功能,可以第一时间提示可能发生的失误,大大减少了标记人员的工作量。

编码功能是包埋盒打号机另一个人工无法替代的优势,它使包埋盒可以被计算机准确、快速识别和记录,通过信息系统将包埋盒的标本信息与患者信息、切片信息自动关联,实现快速、精准的信息呈现,提高病理科的工作效率与标准化程度,大大降低出错的风险。

4.4 质量控制

4.4.1 维护保养

(1)每天使用完毕后,应关闭电源。

(2)定期清洁消毒:每天使用完成后,使用蘸有75%~90%医用酒精的绒布或棉球等柔软材料擦拭机器的外壳,不可用二甲苯等溶剂擦拭,以免损伤面漆;视需要清理包埋盒经过的轨道或区域,不应该有妨碍包埋盒运动的异物,以确保包埋盒进出顺畅。

(3)定期更换配件:如每年更换一次除尘滤芯,确保过滤除味效果。

4.4.2 电气安全

定期检查设备外壳接地情况,检查方法为切断并拔出设备电源线,将万用表调到电阻蜂鸣挡位,用万用表表笔分别连接设备外部可接触的金属部分(一般为螺钉,如果螺钉有金属氧化层,则需刮破其氧化层)与电源接入口的大地端,万用表发出蜂鸣表示导通。通常建议每隔12个月用专业的检测设备(如 Fluke 电气安全分析仪 ESA615/ESA620)进行一次全面的电气安全测试,电气安全测试的参数包括接地电阻、绝缘阻抗、机架漏电流。

4.5　常见故障

　　下面以无锡启盛 CPS-6 激光包埋盒打号机为例,其典型故障如表 4-1 和图 4-13 至图 4-15 所示。

表 4-1　包埋盒打号机典型故障

序号	故障现象	故障原因分析	故障排除	备注
1	钩料失败	上料架未放置正确	须插入进底部再按开始按钮	如图 4-13 所示
2	包埋盒未按顺序掉出	收集导轨未贴合机器	导轨和机器间的限位槽重新固定	如图 4-14 所示
3	不钩出包埋盒	钩料零件翻转	使用镊子将零件拨正	如图 4-15 所示

图 4-13　故障现象 1:钩料失败　　图 4-14　故障现象 2:包埋盒未按顺序掉出

图 4-15　故障现象 3:不钩出包埋盒

第5章 全自动组织脱水机

　　自从"组织"一词在1801年被组织学之父马里·弗朗索瓦·沙威尔·比沙定义以来,细胞病理学领域所取得的进步无法衡量。比沙最初的工作基于组织样本的解剖,但现代组织病理学的自动化组织处理、切片和染色、显微镜检查和整张切片图像的数字化与比沙的原始实验室相比不可同日而语。虽然新技术的发展转变了组织病理学的发展方式,但在某些方面的科学内核并没有发生改变。例如,巴特洛夫早在1859年发现了甲醛,它是常用的组织固定液,用甲醛固定组织至今仍然是组织固定的黄金标准。

　　组织学实验室的首要任务之一是在组织样本到达时对其进行接收、记录和标记,标本的准确编号是识别患者样本的重要组成部分。实验室人员一旦对标本成功进行编号和记录,就可在解剖室或大体检查室对组织样本进行仔细检查和筛选处理。20世纪50年代之前,组织样本会与手写的识别标签放在同一个不锈钢圆桶中进行包埋(如图5-1所示),这对后续的样本识别及切片造成极大的不便。1959年,詹姆斯·本杰明·麦考密克博士在《美国病理学杂志》上发表了关于第一代组织包埋盒(Tissue-Tek 1000 System)的文章,标志着现代组织包埋盒时代的开启,随着塑料包埋盒的推出,组织包埋取得了极大进步,塑料包埋盒不仅可以很好地固定组织样本,而且可以将识别标签通过手写或者打印的方式记录在包埋盒表面。

图 5-1　不锈钢圆桶

自 1869 年埃德温·克莱布斯首次将石蜡作为包埋介质以来,石蜡已被广泛应用于组织块切片。由于石蜡具有疏水性,因此在组织包埋前,需要将固定在福尔马林水溶液中的组织在酒精中脱水以清除组织中的水分。然后通过媒介溶剂(如二甲苯),将组织内的酒精转换出来,再把组织放入石蜡中充分渗透。在早期,组织处理是由工人手工进行的,效率低下且劳动强度大。随着工业革命的到来,机械脱水技术得到了迅猛发展,在 20 世纪中叶,自动组织脱水机的问世使得组织处理改由机械进行,提高工作效率、降低劳动强度的同时减少了人为误差。

自动组织脱水机的使用步骤:首先,将包含组织样本的包埋盒放入脱水篮中;然后,将组织从一种试剂转移到另外一种试剂中,这些试剂瓶排列成直线或圆形被放置于转盘上[如图 5-2(a)所示]。处理流程通常被记录在带缺口的圆盘上,而液体的搅动则通过篮子的旋转运动或垂直振荡来实现。最初的自动组织脱水机被设计为开发独立类型,20 世纪中期开始集成通风罩,到了 20 世纪末,自动组织脱水机得到了进一步发展,处理液体通过泵送进入和退出密封的反应器,而组织样本则保持静止不动[如图 5-2(b)所示],这些系统完全封闭,并配备了过滤器以吸收处理试剂产生的废气。

(a)早期的组织脱水机　　　　(b)现代全自动组织脱水机

图 5-2　组织脱水机示例

全自动组织脱水机可以分为两类,分别为组织转移类设备和液体转移类设备(封闭式设备),组织转移类设备通过将所需脱水组织在装有试剂的容器中转移的方式来对其进行脱水,液体转移类设备通过将试剂液体加入组织所在容器中的方式对组织进行脱水。组织转移类设备由于在设备发生故障时,组织会干涸,导致样本受损,安全性较差,而液体转移类设备由于其全封闭的设计,大大减缓了液体的挥发,安全性得到了很好的提高。

5.1 工作原理

全自动组织脱水机的工作原理是通过脱水剂把组织中的水分脱去，对其进行清洗固定，有利于组织的透明与透蜡，使石蜡支持组织保持原来状态并变硬以便包埋，达到组织的永久保存或是用于显微镜观察判断病理的目的。全自动组织脱水机的工作流程如图 5-3 所示。

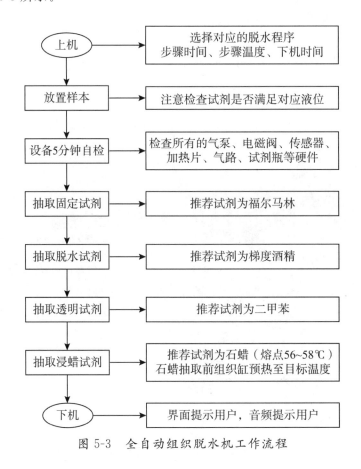

图 5-3　全自动组织脱水机工作流程

5.2　结构组成

全自动组织脱水机主要由显示器、蜡缸、脱水缸、试剂柜、液滴收集盘等组成,下面以徕卡 HistoCore PEGASUS 组织脱水机(如图 5-4 所示)为例对设备结构组成进行介绍。

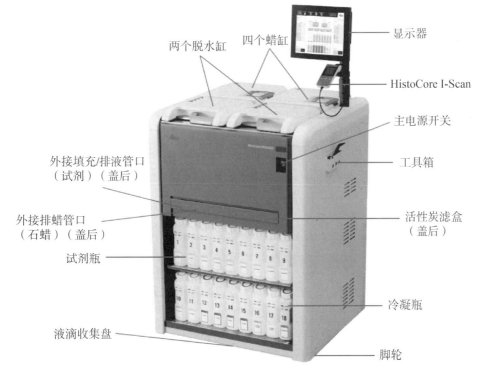

两个脱水缸　四个蜡缸　显示器

HistoCore I-Scan

主电源开关

外接填充/排液管口
(试剂)(盖后)

工具箱

外接排蜡管口
(石蜡)(盖后)

活性炭滤盒
(盖后)

试剂瓶

冷凝瓶

液滴收集盘

脚轮

图 5-4　HistoCore PEGASUS 组织脱水机示意

5.2.1　脱水缸

HistoCore PEGASUS 组织脱水机有两个脱水缸(如图 5-5 所示),每个脱水缸独立运行,具有自己的温度、压力和搅拌器开/关设置。系统可协调安排资源,以便两个脱水缸有效地运行,并确保同时运行的程序不会同时使用同一个试剂瓶。

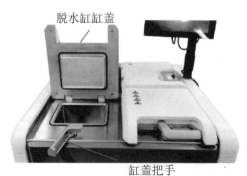

脱水缸缸盖

缸盖把手

图 5-5 脱水缸

5.2.2 蜡 缸

HistoCore PEGASUS 组织脱水机的四个蜡缸位于仪器的顶后部,可通过两个蜡缸盖(如图 5-6 所示)接触。每个蜡缸独立运行,装有足够的石蜡以填充脱水缸。虽然石蜡不会在蜡缸之间流动,但是蜡缸之间气流连通,因此压力始终相同。

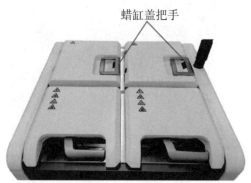

蜡缸盖把手

图 5-6 蜡缸

使用蜡缸盖把手打开蜡缸盖,打开时应小心谨慎,如有必要,旋转显示器以方便操作蜡缸。务必使用蜡缸手柄关闭盖子,以确保盖子锁定到位。

在打开蜡缸盖前,务必保证蜡缸压力为常压,如果压力并非常压,则应对蜡缸进行排气,可先暂停某个正在运行的程序或仪器,使其处于空闲状态,手动操作屏幕上的排气按钮。

5.2.3 试剂柜

HistoCore PEGASUS 组织脱水机的试剂柜用于存放试剂瓶和冷凝瓶(如图 5-7 所示)。

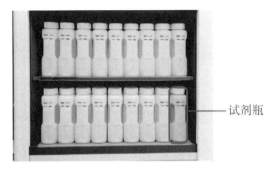

图 5-7　试剂柜

5.2.4　液滴收集盘

HistoCore PEGASUS 组织脱水机的液滴收集盘又称废液盘（如图 5-8 所示），位于试剂柜下方。它可收集溢出或溢流的试剂，避免使仪器内部或下方被污染。必须定期检查废液盘是否有试剂泄漏迹象。为此，应通过手柄将托盘拉出检查，并在必要时将其清空。

图 5-8　废液盘

5.2.5　显示器

安装在仪器右侧的显示器（触摸屏，如图 5-9 所示）连接着仪器中控制所有仪器操作的计算机。使用显示器可配置仪器、运行程序和执行更换试剂等辅助操作。

图 5-9　显示器

5.3 临床应用

全自动组织脱水机可按程序自动将人体、动物和植物组织样本浸入各种溶剂,进行固定、脱水、透明、浸蜡等病理分析前处理,以供样本的诊断分析,在临床病理科和生物样本研究领域均有广泛应用。

5.4 质量控制

5.4.1 维护保养

在对自动组织脱水机维修或维护保养前,应关闭仪器开关、切断电源,其保养周期和保养项目如表 5-1 所示。

表 5-1 自动组织脱水机维护保养

周期	项目
每日	· 清洁密封圈和盖子
	· 清洁脱水缸和液位传感器
	· 检查试剂瓶加注液位
	· 检查冷凝瓶液位
	· 检查石蜡加注液位
	· 清洁触摸屏和顶面
	· 检查废液盘
每周	· 清空冷凝瓶
	· 清洁试剂瓶
	· 检查试剂瓶接头
	· 检查蜡缸
	· 清洁外表面

续表

周期	项目
每季度	• 更换活性炭滤网
	• 检查脱水缸盖密封圈
	• 检查石蜡缸盖密封圈
每半年	• 对设备的液路系统进行一次清洁保养

5.4.2　电气安全

通常建议每隔 12 个月,用专业的检测设备(如 Fluke 电气安全分析仪 ESA615/ESA620)进行一次全面的电气安全测试,电气安全测试的参数包括接地电阻、绝缘阻抗、机架漏电流。

5.5　常见故障

下面以徕卡 HistoCore PEGASUS 全自动双缸组织脱水机为例,其典型故障如表5-2 和图 5-10 到图 5-12 所示。

表 5-2　全自动组织脱水机典型故障

序号	故障现象	故障原因分析	故障排除措施	备注
1	系统报警:液位不足或过高	未能及时清理脱水缸液位传感器	每日应使用蘸有 70% 乙醇的无绒布进行清洁,如果传感器特别脏,则使用 6% 乙酸溶液进行清洁	如图 5-10 所示
2	排蜡不完全	蜡缸排气孔堵塞	清洁密封圈(石蜡缸和脱水缸)和排气口:使用塑料刮刀刮掉脱水缸内表面和蜡缸盖的石蜡。刮擦仪器顶部搁置盖子的脱水缸边缘和蜡缸周围。确保关闭时盖子完全密封。清洁时,使用蜡缸排气塞堵住石蜡排气口,防止石蜡落入石蜡排气口	如图 5-11 所示
3	蜡缸盖子异常凝蜡	加蜡时超过最高液位	用蜡铲清除凝蜡后,注意加蜡时切勿超过最高液位线	如图 5-12 所示

图 5-10　故障现象 1：液位传感器脏导致系统报警

图 5-11　故障现象 2：排气孔堵塞导致排蜡不完全

图 5-12　故障现象 3：加蜡过多导致蜡缸盖子异常凝蜡

第6章 石蜡包埋机

组织包埋从传统手工包埋逐渐发展为现代的自动包埋。目前,常用的包埋方法为常规石蜡包埋法。包埋模具尺寸不一,常采用铜质或者不锈钢材质。包埋作为衔接脱水和切片的步骤,会直接影响样本制备质量。传统的手工包埋方法直接使用酒精灯或电炉加热石蜡进行包埋,不仅难以控制石蜡的液化温度,而且存在安全隐患(石蜡具有可燃性)。通过石蜡包埋机包埋是目前市场上最先进的石蜡包埋方法,具有蜡缸容量超大、续航时间长的优点,中途不用因加蜡而中断包埋工作,大大缩短制片时间。

为了提高石蜡包埋机的工作效率和包埋质量,生产企业对石蜡包埋机做出了一定程度的改进和创新:①在原设置脚踏控制的基础上增加了自控感应和直通挡,直通挡的使用加快了组织包埋速度。②用精密数字温控器对蜡缸、保温缸和包埋台加热控制部分分别独立控制,更易宏观控制各部位的温度,为蜡缸、保温缸和包埋台提供恒定的温度;新增储蜡缸,将原储蜡缸改为包埋时存放组织的保温缸,使已处理好的组织块浸泡在恒温的石蜡中,组织块包埋后易与石蜡紧密黏固,利于组织块的包埋和切片。③将甲醇制冷压缩机作为冷源,增加制冷盒,包埋后在适当的温度中冷冻,加快组织块的制作速度,提高工作效率。④将小功率电热板作为加热元件,节约电能,延长使用时间,提供精确的温度。⑤采用浇铸热板制作加热点,取代了以往同类产品落后的电阻丝、电热管等加热方式,克服了易熔断、易起火的弊端。⑥增加了工作残蜡自动回收功能,同时在出蜡口处设有过滤网,避免有杂质流入组织块,影响切片质量。

目前,国内的包埋机质量已经有了大幅度提高,可以与进口产品媲美,国产包埋机替代进口包埋机已经成为趋势。如金华科迪仪器设备有限公司生产的 SpaceTech BM5 包埋机还安装了实时监控系统,可以追溯包埋时可能出现的污染或样本丢失现象,从而进行补救或质量持续改进,为世界首创;杭州海世嘉生物科技有限公司生产的世界上第一台全自动组织处理包埋一体机 HEALTHSKY HAPTS 96,从组织处理到包埋自动完成,快速、高效、无污染。

6.1　工作原理

　　石蜡包埋机是对经脱水浸蜡后的人体或动植物标本进行组织石蜡包埋,以供切片后进行组织学诊断或研究的一种医疗器械。其主要工作原理是通过对不同工作区加热单元进行设置与控温,将各区间的温度恒定在设置温度内,使得石蜡从固态变为液态;再通过开启管道阀门进行注蜡控制,将恒温的液态石蜡填充于装有组织的包埋底盒中;然后,将包埋好的组织连同底模一起放在冷冻台上进行冷却,再脱开底模,将石蜡包埋好的组织用于切片分析处理。

　　石蜡包埋机工作流程简述如下。

　　(1)开机:打开仪器电源开关。

　　(2)设置:点击设备控制面板上的设置按钮,分别设置仪器的当前时间和日期格式,并根据需求,灵活设置工作日期、开始时间、结束时间、托盘温度、蜡缸温度、工作台温度、强化加热等功能。

　　(3)添加石蜡:新机器需在设置完成后向蜡缸添加适量的石蜡。如果每日正常工作使用,需要在每日包埋工作结束后即时向蜡缸补充石蜡,以免耽误下一个工作流程。

　　(4)包埋:将组织样本放入样本槽中,将已融化的蜡液倒入模具中,将组织面向下并用镊子轻轻按压,将带有标签的包埋盒放置在模具上。每包埋完成一个样本,都应将镊子放置在镊子槽中进行加热清洁,以保持后面组织在包埋时不被污染。

　　(5)冷冻脱模:将包埋好的样本整齐码放在冷台上,在其冷却变硬后脱模即可。

6.2　结构组成

　　以徕卡 HistoCore Arcadia 包埋机为例,石蜡包埋机一般包括包埋机热台和包埋机冷台(如图 6-1 所示)。

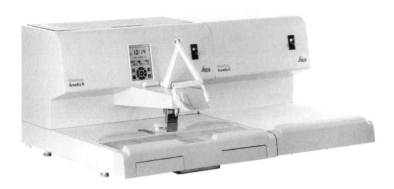

图 6-1　包埋机热台(左)和包埋机冷台(右)

6.2.1　包埋机热台

包埋机热台是用于加热包埋机中的试管或容器,提供恒温环境,确保样本在包埋过程中的稳定性和准确性。包括:电源开关;控制面板;分配器;镊子架;左托盘;左托盘盖;工作台;冷却点(小冷台);石蜡收集盘;右托盘盖;右托盘;工作区照明;蜡缸。如图 6-2 所示。

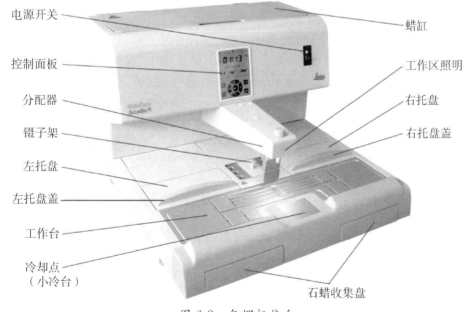

电源开关　　　　　　　　　　　蜡缸
控制面板　　　　　　　　　　　工作区照明
分配器　　　　　　　　　　　　右托盘
镊子架　　　　　　　　　　　　右托盘盖
左托盘
左托盘盖
工作台
冷却点
(小冷台)　　　　　　　　石蜡收集盘

图 6-2　包埋机热台

6.2.2　包埋机冷台

包埋机冷台作为包埋机的一部分,以在石蜡灌注后冷却模具。包括:电源开关;制冷系统(内部);冷板。如图 6-3 所示。

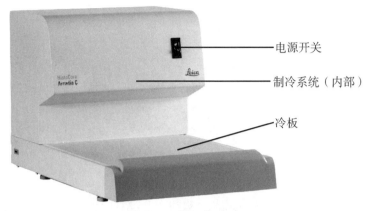

电源开关

制冷系统（内部）

冷板

图 6-3　包埋机冷台

冷台制冷系统一般利用压缩机制冷，进而控制冷板的温度。包埋好的样本放在冷板上冷却变硬后即可脱模，然后通过切片机将组织切成薄片，以供研究使用。

6.3　临床应用

石蜡包埋机用于石蜡制片样本组织脱水后包埋，为下一步的组织切片做准备，常见于医学院校、医院病理科、医学科研单位、动植物科研单位和食品检测等部门。石蜡包埋机包括两个独立的组件：热台和冷台。独立模块符合人体工程学设计，可以按照用户实验室的操作流程更加灵活地安排包埋工作，操作简单，控制精确，大大提高包埋工作的质量，使包埋工作流程更顺畅、可靠，提高舒适性和稳定性。

6.4　质量控制

6.4.1　维护保养

在维修或维护保养前，应关闭仪器开关、切断电源。

（1）仪器工作表面：每天工作结束后，使用适合去除石蜡的实验室常用清洁产品（如防紫外工业通用油或二甲苯替代品，请勿使用二甲苯进行清洁，以避免着火）清洁工作区，避免有机溶剂长时间接触仪器表面。必要时，使用干燥的无尘纸清洁冷却点上的冷凝水。不可使用金属材质的清洁器具，以免刮伤仪器表面。

（2）石蜡收集盘：每天清洁一次，在低温下取下，以防止多余的石蜡渗入仪器；不能再次使用废弃的石蜡，以免污染样本。

（3）控制面板：每周使用干燥的无绒布对其清洁。

（4）镊子架和照明：每周使用蘸有干净试剂的无绒布清洁镊子架、凹洞以及 LED 保护罩。

（5）蜡缸：定期查看并确保蜡缸内无污染物，用棉纸和纸巾擦拭底部石蜡，不可以卸下石蜡滤网。

（6）定期用刷子或真空吸尘器清除仪器背后通风槽的灰尘。

6.4.2　检测与校准

（1）外观及功能检查：每隔 12 个月，检查并确保说明书或操作卡完整齐备、外观完好无损、标签标识清晰完整、开关或按键完好灵敏、显示功能完好清晰。

（2）温度检测：每隔 12 个月，使用温度计分别测试包埋机热台的小冷台和包埋机冷台台面的温度，要求台面温度与设备设置温度的误差在 ±2℃ 以内。

（3）冷冻台最低温度：每隔 12 个月，使用温度计测试，冷冻台最低温度应≤－15℃（室温 25℃）。

6.4.3　电气安全

通常建议每隔 12 个月，用专业的检测设备（如 Fluke 电气安全分析仪 ESA615/ESA620）进行一次全面的电气安全测试，电气安全测试的参数包括耐压、漏电流、接地阻抗。

6.5　常见故障

下面以徕卡 HistoCore Arcadia 包埋机为例，其典型故障如表 6-1、图 6-4、图 6-5 所示。

表 6-1 石蜡包埋机典型故障

序号	故障现象	故障原因分析	故障排除	备注
1	设备无法上电	保险丝失效	从保险丝抽屉中取出故障保险丝，插入新的备用保险丝，将保险丝抽屉推回其原始位置	如图 6-4 所示
2	照明灯不工作	电路板损坏、LED 电缆损坏或 LED 损坏	更换 LED 模块	如图 6-5 所示
3	石蜡流速慢	蜡缸中的石蜡尚未融化	调整蜡缸的温度设置	—

图6-4 故障现象1:设备无法上电

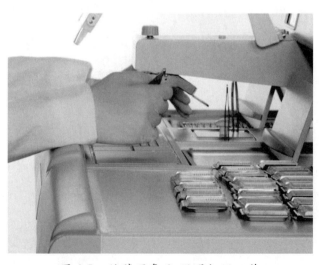

图6-5 故障现象2:照明灯不工作

第7章 病理切片机

在光学显微镜发展之初,植物和动物的切片是使用剃须刀片手动制备的。当观察样品的结构时,需要将样本制备成干净、可重复使用、透光的 100 μm 薄片。只有这样的切片才能在光学显微镜下进行观察。

1770 年,乔治·亚当斯首次发明了制备满足上述要求薄片的设备,该设备由亚历山大·卡明斯进行了进一步的开发。该设备是手动操作的,其将样品保持在圆柱体中,并使用手柄从顶部进行切片。1835 年,安德鲁·普里查德开发了一种基于工作台的设备,通过将切割模块固定在工作台上来隔离振动,从而将操作员与刀分开。也有人将切片机的发明归功于解剖学家老威廉·希斯,希斯曾在他的 *Beschreibung eines Mikrotoms*(德语,为对切片机的描述)中写道:"该设备使工作变得精确,我可以通过它切割手工无法切割的部分。研究过程中,该设备的使用,使获得完整的实验样本成为可能。"还有人将这一发展归因于捷克生理学家普尔基涅。一些资料将普尔基涅模型描述为第一个实际使用的切片机模型。

切片机的起源模糊不清是因为第一台切片机只是简单的切割设备,而早期设备的开发阶段缺乏文献记载。19 世纪末,切片技术获得的 2~5 μm 薄且均一的样品,以及对重要细胞成分的选择性染色,使得显微镜细节的可视化成为可能。

现代医学病理切片诊断技术源于欧美发达国家。病理诊断的核心设备病理切片机从国外引进到逐渐国产化,经历了不同阶段的发展和进步。

病理切片机主要分为石蜡切片机和冰冻切片机两种,其中石蜡切片机是最具代表性的病理切片机,有轮转式、推拉式、旋转式等机型,而轮转式病理切片机是临床病理诊断科室应用最广泛的切片机。以下就重点讲解石蜡切片机的发展简史。

第一代病理切片机(如图 7-1 所示):开放式主体结构,采用人力摇动大手轮带动棘轮棘爪和凸轮碰撞,拨动丝杠旋转产生横向进给的驱动方式进行组织切片,纵向及横向导轨均采用铸铁材质的滑动摩擦导轨,需要每班加油润滑;因为采用的是滑动摩擦导轨,所以摇动大手轮的手感很笨重,操作费力;切片的刀具为一体式钢刀,需要经常重复刃磨,但是刃磨出来的刀刃不够锋利,锯齿也很多,造成出片质量较差,影响观测诊断效果;开放式结构不具备防尘防飞屑功能。如今此类切片机基本上已经淘汰,国外厂家在 20 世纪就基本停产,而我国国内仍有一些厂家在制造/生产,以满足一些要求不高的医学院校教学用途,以及出口经济欠发达国家使用。

图 7-1 第一代病理切片机

第二代病理切片机(如图 7-2 所示):随着精密机械的进步,滚柱导轨、轴承等高精度滚动元器件开始普及,特别是一次性刀片的广泛应用,使病理切片机迎来了质的飞跃。第二代病理切片机的纵、横向导轨采用交叉滚动导轨,使操作者摇动手轮时更加轻松,极大地减轻了劳动强度,且这些滚动导轨封装一次润滑脂后可以维持 3~5 年的润滑,技术员也不必每班加油润滑。封闭式的罩壳使运动机件都处于仪器内部,避免了灰尘、废蜡等污物的污染,真正做到了主机内部免日常维护。

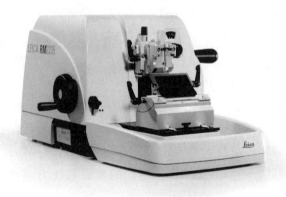

图 7-2 第二代病理切片机

第二代病理切片机采用了超越离合器替代棘轮棘爪推动丝杠旋转产生横向进给动作,使操作的轻盈性得到提升,而且采用了一次性刀片,刃口锋利平直,无须再进行手工刃磨,显著提升切片质量和工作效率。

然而,第二代病理切片机所有的内部传动机构依旧是依靠人力驱动,具有一定的负载力,而且精密复杂的机械结构对于切片机的生产制造能力要求极高,对切片机的使用精度和耐用度都是苛刻的考验。第二代病理切片机中比较有代表性的是德国徕卡 RM2235 型轮转式病理切片机,其在国内外市场上占有率较高。国内也有不少厂家学习该产品的设计,但切片性能、精度和使用寿命与其还是有不小的差距,无法满足医疗单位大批量高强度常规切片的使用要求。

第三代半自动病理切片机(如图 7-3 所示):进入 21 世纪后,数控技术得到飞跃发展,机电一体化的产品成为主流,病理切片机也应用了数控步进驱动技术。第三代半自动病理切片机除了具备滚动元器件和一次性刀片应用等优点外,最显著的特征就是控制标本的横向进给机构产生了颠覆性的改变:高精度步进电机驱动丝杠旋转,取代了棘轮、齿轮、凸轮、离合器等一系列复杂精密的机械零件,具有内部核心组件高精度、无噪声、低故障、长寿命等优点。又因为横向进给单元由电机控制,所以操作者只需要人力驱动纵向往复运动即可,大手轮摇动轻盈灵活,减轻了劳动强度,提高了工作效率。

第三代半自动病理切片机的外部控制模式也更多元化和人性化,可根据用户使用习惯随意切换各种切片模式,既可以采用粗修轮控制的模仿全手动切片,又可以进行按键单元控制的半自动切片,无论是熟练技师还是刚学习的新手技术员,都能够很快得心应手。

第三代半自动病理切片机的国内研制水平并不像前几代切片机那样与国外品牌差距明显。很多国产机性能出众且质量可靠,临床科室的大批量高强度切片表现让人刮目相看。特别是第三代半自动病理切片机的核心技术不再仿造进口品牌,而是具备了研发创新自主知识产权的能力,而且针对国内用户的切片特性有更多新颖设计,深受国内用户喜爱。其中比较有代表性的是金华克拉泰仪器有限公司生产的 CR 系列半自动切片机,其被很多国内大型医疗单位采购使用,经受了和进口品牌同等使用条件下的考验。金华科迪生产的 ST5800 半自动切片机也以同样优质的性能和质量,进入国内市场。病理切片机国产化的步伐将不可阻挡。

除了半自动切片机外,不需要人力摇动手轮的全自动病理切片机也被投入应用,确切地说应该为"电动病理切片机",其除了电动驱动大手轮,其他功能与半自动切片机相同。

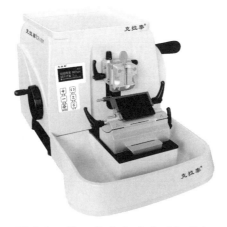

图 7-3　第三代半自动病理切片机

7.1　工作原理

病理切片机的工作原理是让标本和刀刃相对运动产生切割,将标本快速而准确地切成厚度均匀的薄片。

切片动作主要是纵向往复运动和横向进给的组合运动。首先利用大手轮摇动曲柄连杆机构或者曲柄滑块机构,使标本沿着纵向导轨上下往复运动,与此同时,当标本运行到纵向位置最高点时,会触发联动的机械进给机构或者步进电机控制驱动,使标本又可以沿着横向导轨往前运动一个里程。

大多数病理切片机的刀架部分是固定在标本钳的前方静止不动的。摇动机器大手轮时,纵向运动可以使标本在越过刀刃时产生切割的动作;横向进给可以使标本产生一个切割的厚度值。这两个运动相结合,使标本一步步向前进给,当触碰到切片刀具时,在刀刃的作用下就完成了一次切片动作。大手轮继续旋转,重复以上的运动过程,就完成了连续切片的操作。

7.2　结构组成

病理切片机主要包括机芯进给模块、标本调节模块、刀架模块等结构,如图 7-4 所示。

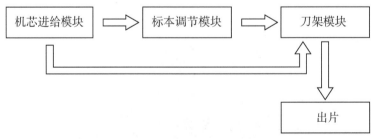

图 7-4　病理切片机主要结构

7.2.1　机芯进给模块

病理切片机的核心是机芯部分,负责整个运转机构及各个互相关联的机械、电子等驱动进给功能运作,达到高刚性的纵向运动和高精度的横向进给走步,完成一系列的切片动作过程。

机芯进给模块包含手轮旋转部分、纵向往复部分、横向进给部分、丝杠驱动部分等主要部件。如图 7-5 所示。

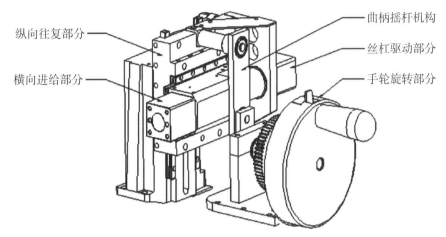

图 7-5　机芯进给模块主要组成部分

(1)手轮旋转部分:病理切片机运转的主要动力,当技术员摇动手轮时,手轮轴带动曲柄摇杆机构做上下运动,同时带动纵向往复部分、横向进给部分和丝杠驱动部分一起做上下往复运动。

(2)丝杠驱动部分:切片厚度精准控制的关键,也是病理切片机的"心脏",其对丝杠、螺母等制造和装配精度的要求非常高。现代病理切片机主要由步进电机作为驱动单元,当手轮带动纵向往复运动机件升至最高点时,电路控制部分会拾取一个信号反馈给步进电机控制器,进而控制步进电机旋转一个角度,带动丝杠旋转,从而推动螺母进给。

(3)曲柄摇杆机构:为动力传递机构,将手轮旋转部分的轴向运动转换成纵向运动进而带动纵向往复部分上下往复运动。

(4)横向进给部分:标本组织进给的活动单元,也是切片厚度及精度的主要控制机构。它和纵向往复部分实际上是呈十字交叉状态为一体的,横向和纵向各有一副承载运动的导轨。横向进给部分的内部安装有丝杠和螺母,以及后部的驱动电机。电机驱动丝杠旋转,推动螺母完成横向进给机构的各种连续或断续进退等动作。横向进给部分必须做到反应灵敏动作可靠,而且需要稳固的承载刚性。

(5)纵向往复部分:切片时标本组织越过刀刃产生切割动作的载体,在手轮的动力和曲柄摇杆机构的作用下,沿着立柱和导轨始终做着上下往复运动。如果此时结合横向进给机构有横向进给的动作,则当标本组织触碰刀刃时,就会切割下一片组织,产生了一次完整切片动作的过程。纵向往复部分是整个机芯进给模块的载体,不仅需要有较高的刚性和稳固性,否则影响切片质量,而且需要其运转灵活轻盈,使技术员操作时不易疲劳。

7.2.2　标本调节模块

标本调节模块(如图 7-6 所示)是标本组织在切片机上的夹持装载机构,其还有修正调节标本角度以达到标本和刀刃平行效果的功能。

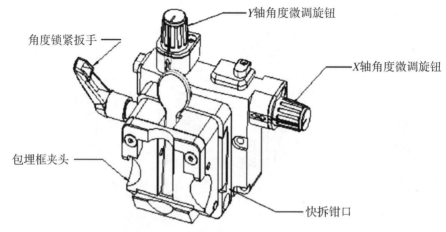

图 7-6　标本调节模块主要组成部分

(1)包埋框夹头:用于夹持稳固住标本组织,使用角度锁紧扳手可以松开或者夹紧弹性钳口。

(2)角度锁紧扳手:松开时可以调整标本组织待切面与刀刃之间的角度关系,调整到大致平行于刀刃时可再锁紧。

(3)Y 轴角度微调旋钮:可以调节标本组织 Y 轴(上下)方向的角度。

(4)X 轴角度微调旋钮:可以调节标本组织 X 轴(左右)方向的角度。

(5)快拆钳口:可以快速拆换不同类型的标本夹持装置。

7.2.3　刀架模块

刀架模块(如图 7-7 所示)是病理切片机的重要组成部分,刀架的刚性、精度和夹持一次性刀片的稳固将直接影响切片性能,并且刀架部分又是病理切片机操作最频繁的部件,因此对其的稳定性和耐用度要求也非常高。

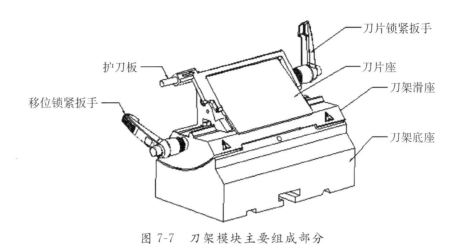

刀片锁紧扳手

护刀板

刀片座

刀架滑座

移位锁紧扳手

刀架底座

图 7-7 刀架模块主要组成部分

（1）刀架底座：将刀架部分固定在切片机上的基座，可以前后移动，调整滑座的角度。

（2）刀架滑座：主要功能是让刀片座在上面左右移动，充分利用每一个刀口，并且可以调整刀刃的切削角度。

（3）刀片座：夹持刀片的重要部分，其夹持稳固性和精度会对切片性能产生直接影响。

（4）刀片锁紧扳手：可以对刀片进行锁紧或松开操作。

（5）护刀板：主要用于保护刀刃，防止误触碰导致操作者受到伤害，还具有安全推出废刀片的功能。

（6）移位锁紧扳手：松开可使刀片座在滑座上左右移动，以充分利用每一个刀口。

7.3 临床应用

病理切片机的作用是制作不同厚度的人体组织样品切片，以供实现组织病理学医疗诊断，如癌症诊断。

病理切片机是临床病理科必需配备的设备，其极佳的切片效果能帮助病理医师做出更加精准的疾病诊断，同时它也可以助力科研人员进行组织与细胞层面的探索可广泛满足医院科室、医学院校、科研实验室、动植物检验检疫、司法鉴定等部门的病理学和组织学的常规切片使用，也可应用于某些工业新兴材料组织的切片检验，以供医学、生物学和材料学等学科进行研究。

半自动病理切片机是针对医疗卫生单位临床病理切片诊断工作量大、切片质量要求高等使用条件而研发的机电一体化产品，具有操控系统人性化、运转轻盈、切片流畅、精度高、质量可靠、免维护等特点。

7.4 质量控制

7.4.1 维护保养

在维修或维护保养前,应将样本夹移到最高位置并启用手轮锁,关闭开关、切断电源。

(1)每天:切片结束后,需清洁夹头、刀片座、刀架底座及滑块,清扫废屑槽内的蜡片及蜡屑;使用中性清洁剂或肥皂水清洁仪器表面并擦干;使用液状石蜡或石蜡去除剂清除石蜡残留物;请勿使用二甲苯、丙酮、含有二甲苯或丙酮的溶剂、去污粉、含有酒精的清洁液体进行清洁。

(2)每周:将样本夹头卸下并用沸水浸泡 5 分钟,溶解废蜡,做好清洁;擦拭仪器罩壳、大手轮等部位,保持其整洁卫生。

(3)每月:对移位锁紧轴做好清洁,并加机油润滑。

7.4.2 电气安全

要确保插座有可靠接地,通常建议每隔 12 个月,用专业的检测设备(如 Fluke 电气安全分析仪 ESA615/ESA620)进行一次全面的电气安全测试,电气安全测试的参数包括接地电阻、绝缘阻抗、机架漏电流。

7.5 常见故障

下面以徕卡 HistoCore MULTICUT 切片机为例,其典型故障如表 7-1、图 7-8、图 7-9 所示。

表 7-1 病理切片机典型故障

序号	故障现象	故障原因分析	故障排除	备注
1	显示屏显示代码 E3:样本头前进后退故障	样本头无法前进或后退	1. 重启机器,查看是否能恢复 2. 检查机器内部 X8 扁平线是否有断裂	如图 7-8 所示
2	按下仪器开启按钮无反应	1. 电源线连接不当 2. 电源保险丝故障 3. 控制面板的电缆未插好 4. 电压选择开关设置不正	1. 检查电源线的连接 2. 更换电源保险丝 3. 检查电缆至控制面板的连接 4. 检查电压设置,必要时予以矫正	如图 7-9 所示

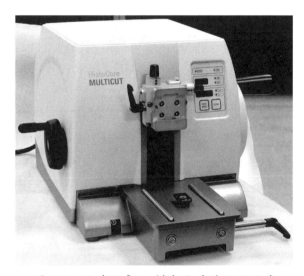

图 7-8 故障现象 1:样本头前进后退故障

图 7-9 故障现象 2:按下仪器开启按钮无反应

第8章 载玻片打号机

　　载玻片是生物医学领域常用的一种透明载体，一般为玻璃等材料，透光性好，通常承载细胞或生物样本切片置于显微镜下以供研究人员或设备进行观察、读取和分析。载玻片承载样本通常在分析前需要多流程的溶剂浸泡处理以获得较好的观察效果。载玻片通常划分为样本承载区与标记区，其中样本承载区用于放置承载细胞或生物学的样本，标记区可用于增加标记以记录相关信息。

　　在实验操作过程中，针对同一样本，研究人员常需要多块玻片进行平行对比分析，需要对不同的载玻片进行标记以示区分。而在医用病理诊断中，载玻片大量应用于组织检查、血液分析、细胞学分析等，不同患者之间、不同的样本之间，都需要信息标记以有效区分，便于样本流程传递或实体长期的留档存储。

　　载玻片打印是指在载玻片的标记区增加信息标记，且能保证标记信息可以长期存储的技术。传统标记法是通过病理技术员手动填写相关信息的方法，工具常采用铅笔（因为有些样本可能需要在有机溶剂中处理，尤其是在医用领域中）。传统标记法因标注难以统一书写规范、字迹易模糊、费时费力、书写易于出错等缺点，一直难以满足载玻片标记的需求；随着科技进步，为了统一格式规范，病理技术员大多利用标签机打印统一的信息标签粘贴在载玻片上，但粘贴的标签在处理时容易脱落；而自动标记法是采用自动化的设备在玻片标记区进行标注的方法，目前主要有激光打印、喷墨打印、色带打印等。激光打印是靠激光气化标记区表面涂层以形成标记，在打印过程中灼烧涂层会产生有毒气体和粉尘；喷墨打印由于需采用特殊的光固化工艺增加处理时间，且标记面对喷墨附着力不佳，不易提高打印分辨率，故应用范围有限。色带打印法是采用加热的打印头，配合特定的色带，将信息打印到载玻片标记区的方法，具有打印质量高、耐有机溶剂、绿色无污染等特点。

　　长期以来，国内病理科的载玻片打号机大多数为国外品牌的产品，如国际品牌赛默飞、徕卡，其产品和技术发展也在经历从喷墨打印机、色带打印机、激光打印机又重新回归至高稳定性的色带打印的迭代过程。

8.1　工作原理

激光式载玻片打号机在实际工作过程中,应先将载玻片放置于承载台,再利用激光打号机构对载玻片的特定区域进行打号处理。激光打印的具体工作流程如下。

(1)通过实验室信息系统(laboratory information system,LIS)或计算机中专用应用程序,构建标记内容并生成数据信息到载玻片打号机。

(2)载玻片打号机接收到打号指令后,将待打号载玻片由玻片进料组件送入载玻片承接板指定位置。

(3)由激光发生器生成高能量的连续激光光束,驱动激光振镜和透镜进行聚焦。

(4)聚焦后的激光作用于承印材料,使表面材料瞬间熔融,甚至气化,通过控制激光在材料表面的路径,形成需要的图文标记。

(5)打号完成后的载玻片由载玻片出料组件从玻片承接板带出装置以完成整个打号流程。

色带式载玻片打号机的工作流程与激光式载玻片打号机类似,但在打印阶段采取的标记方式不同。色带式载玻片打号机的色带在打印头与载玻片之间,打印时,打印头以一定的预压力将色带压在载玻片上,打印头局部加热色带后,色带的标记材料就会黏附在载玻片上,完成指定的图文标记工作。

喷墨式载玻片打号机采用喷墨打印技术,使用耐化学试剂腐蚀的墨水,将字母、数字、字符、条形码、图形打印在玻片上。

8.2　结构组成

以上海韬涵医疗科技有限公司的色带式载玻片打号机 SP-PLUS 为例,该款设备包括出片单元、载玻片输送单元、打印头单元、打印定位单元、色带单元、收片单元,以及监测和控制上述各单元的系统总控单元(如图 8-1 所示)。

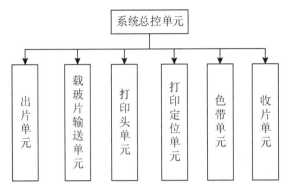

图 8-1　上海韬涵医疗科技有限公司色带式载玻片打号机 SP-PLUS 组成

8.2.1　出片单元

出片单元用于存放待打印的载玻片。出片单元的结构设计允许载玻片侧叠而非平堆放置于其载玻片存放空间内，即载玻片的可标记面或其背面与载玻片自身的重力方向平行或形成一定的角度，如 0°～45°。

出片单元(如图 8-2 所示)包括载玻片仓组件、载玻片仓预压组件、预压导向组件和预压动力组件。

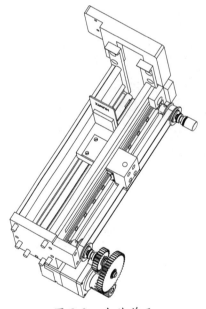

图 8-2　出片单元

载玻片仓组件用于存放待打印的载玻片，并允许存放的载玻片在仓内集体滑动。载玻片仓组件内设有存放载玻片的空间，该空间通常可容纳至少 150 片载玻片。载玻片仓预压组件用于限制和定位载玻片的可标记面并在该面上保持一定的压力以及用于推动载玻片向前移动。预压导向组件用于控制载玻片仓预压组件的驱动方向。预压动力组件用于提供载玻片仓预压组件驱动力。

8.2.2　载玻片输送单元

载玻片输送单元(如图 8-3 所示)用于输送玻片,包括打印输送单元和滑动输送单元。

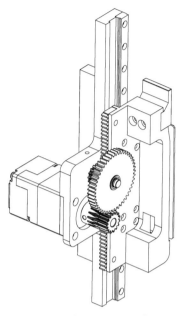

图 8-3　载玻片输送单元

打印输送单元用于从出片单元中装载载玻片、在打印前和打印中输送载玻片。滑动输送单元用于连接打印输送单元和收片单元,将打印输送单元中已完成打印的载玻片输送至收片单元中。

打印输送单元包括载玻片输送组件、输送导向组件和输送动力组件。其中,载玻片输送组件是装载和输送玻片的载体,在输送导向组件限定的输送路径上滑动,包括用于承载载玻片的载玻片打印匣。输送导向组件连接前述载玻片输送组件,限定其滑动路径。输送动力组件用于提供所述载玻片输送组件运动的驱动力。

滑动输送单元处于载玻片输送单元的载玻片出匣位置,包括出匣件和滑道件。其中,出匣件用于推动载玻片打印匣中的载玻片,使其从打印输送单元中弹出,进入滑动输送单元;滑道件用于形成该滑动输送单元输送路径的滑道。

8.2.3　打印头单元

打印头单元(如图 8-4 所示)是用于在载玻片的可标记区进行打印的核心部件,包括打印头、用于承载所述打印头的承载支件和设置在所述承载支件上的安装校准结构。色带在打印头与载玻片之间,打印时打印头须保持一定的预压力将色带压在载玻片上,才能保证打印头局部加热色带后色带的标记材料黏附在载玻片上。打印头为市面上常见的部件,打印头安装在打印头支撑组件上。

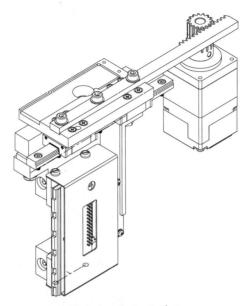

图 8-4　打印头单元

安装校准结构包括安装调节孔和接触校准调整件,安装调节孔和接触校准调整件设置在承载支件的斜面安装端一侧,该斜面安装端为承载支件固定安装的接触面。

安装调节孔用于在固定安装前述承载支件时调整该承载支件的位置,具有用于装入所述接触校准调整件的细牙螺纹孔;接触校准调整件置于安装调节孔内,包括细牙调整螺钉和固定螺母。

8.2.4　打印定位单元

打印定位单元(如图 8-5 所示)用于对打印输送单元中待打印的玻片进行定位,包括定位轮和定位轮轴,定位轮绕着定位轮轴转动。定位轮的轮面与载玻片接触并保持一定的压力,在输送载玻片时,定位轮在载玻片接触表面滚动,并保持载玻片定位不发生滑动。

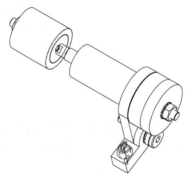

图 8-5　打印定位单元

8.2.5　色带单元

色带单元（如图 8-6 所示）提供打印所需色带，包括用于控制色带收放的收带组件和放带组件。

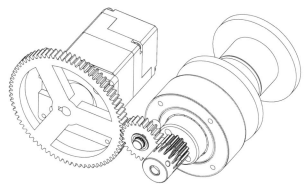

图 8-6　色带单元

收带组件包括收带轮和收带动力组件。收带轮用于收纳或缠绕色带；收带动力组件用于提供回收色带的驱动力。收带动力组件可包括电机及动力传送装置。

放带组件包括放带轮和放带动力组件。放带轮用于收纳或缠绕色带；放带动力组件用于提供回收色带的驱动力。放带动力组件可包括电机及动力传送装置。

8.2.6　收片单元

收片单元（如图 8-7 所示）包括收纳仓组件、收纳输送组件、收纳翻板组件和输送驱动组件。

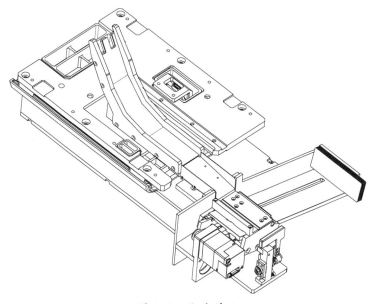

图 8-7　收片单元

收纳仓组件用于收纳、存放载玻片。收纳输送组件用于将载玻片从收片位置输送至堆叠位置。收纳翻板组件用于将载玻片从收纳输送组件翻转堆叠至收纳仓单元。输送驱动组件用于为收纳输送组件提供驱动力。

8.2.7 系统总控单元

系统总控单元用于控制载玻片打印系统按预先设定的方案运行,实现实时监控、数据采集和有效反馈的功能。系统通过传感器对打印过程进行监控,采集电机驱动器/编码器反馈的信号,分析显示其实时的运行状态。

8.3 临床应用

载玻片打印机因打印字迹清晰牢固、二维码识别率高、打印速度快、寿命长等优点,被广泛应用于常规的病理学制片、细胞病理学制片、免疫组化检验、药学研究等相关的工作场景,此外,其还被广泛应用于骨髓室、检验科和各种研发机构实验室。

8.4 质量控制

8.4.1 维护保养

(1)每日:使用完成后根据需要擦拭清扫出片仓;使用完成后使用蘸有 75%~90%医用酒精的绒布或棉球等柔软材料擦拭机器的外壳。

(2)每月:使用毛刷清理玻片仓。

(3)每季度:对打印头平面进行一次维护,使用蘸有 75%~90%医用酒精的绒布或棉球等柔软材料由内向外轻轻擦拭打印头前端平面。

8.4.2 电气安全

定期检查设备外壳接地情况,方法为切断并拔出设备电源线,将万用表调到电阻蜂鸣挡位,用表笔分别连接仪器外部可接触的金属部分(一般为螺钉,如果螺钉有金属氧化层则需刮破其氧化层)与电源接入口的大地端,若万用表发出蜂鸣则表示导通。通常建议每隔 12 个月用专业的检测设备(如 Fluke 电气安全分析仪 ESA615/ESA620)进行一次全面的电气安全测试,电气安全测试的参数包括接地电阻、绝缘阻抗、机架漏电流。

8.5 常见故障

下面以无锡启盛的激光式玻片打号机为例,其典型故障如表 8-1 和图 8-8 至图 8-10 所示。

表 8-1 激光式玻片打号机典型故障

序号	故障现象	故障原因分析	故障排除	备注
1	玻片推不出来	上料架放置不到位	放置到位	如图 8-8 所示
2	设备有异响	底部进风口吸入异物	清除异物	如图 8-9 所示
3	显示未连接电脑,通信失败	通信线松动	将 USB 通信线插到位	如图 8-10 所示

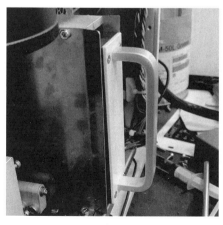

图 8-8 故障现象 1:玻片推不出来

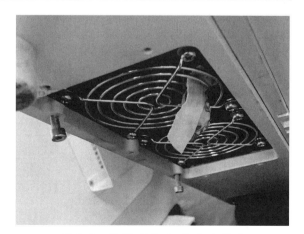

图 8-9 故障现象 2:设备有异响

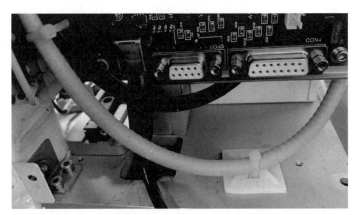

图 8-10　故障现象 3：显示未连接电脑，通信失败

下面以上海韬涵的色带式玻片打号机为例，其典型故障如表 8-2 所示。

表 8-2　色带式载玻片打号机典型故障

序号	故障现象	故障原因分析	故障排除
1	载玻片发生卡片或断片，程序报错	载玻片规格问题	保证载玻片规格一致
2	载玻片发生卡片或断片	载玻片摆放位置问题	清理设备内玻璃碎片，重新按照正确方式摆放载玻片
3	打印内容部分模糊	载玻片质量问题	请优先确认载玻片耗材是否清洁，以及载玻片是否适合色带打印
4	打印内容完整但一侧深一侧浅	打印平面不平	执行校正打印头配件操作
5	打印内容固定位置出现缺损	打印平面附着废料或打印平面机械损坏	清洁打印头配件或联系厂家更换打印头
6	色带上出现直接烧断的痕迹	打印热量过高	在工程模式下校验打印热量参数

第9章 摊/烤片机

病理组织的摊片和烤片是病理组织制片中非常重要的制片环节。摊片是指使用摊/烤片机用 40~60℃ 的水将石蜡切片完全展开的过程；烤片是指使用摊/烤片机将载玻片上的组织切片经过一定时间和温度烘烤后，把蜡片上的水分烤干并将组织与载玻片牢固黏合的过程。病理组织的摊片和烤片的质量会直接影响后续组织染色的质量，其中病理组织摊片水温和烤片温度的稳定与否又会影响摊片的质量。这些环节大都由病理技术员人工分别操作，其过程烦琐、不系统，造成工作效率低，切片处理质量差。为了减少病理技术员的工作量，提高制片的效率，摊/烤片机将摊片和烤片两个流程整合到一台仪器，使病理技术员可以按顺序依次完成摊片和烤片，有效减轻了病理技术员的劳动强度，提高了切片的处理质量。

病理技术员在制片时，需要将组织切片放在摊/烤片机（如图 9-1 所示）上，使组织与载玻片牢牢地黏合在一起。早期的摊/烤片机操作台平滑，载玻片放在上面不便于拿取，给病理技术员增加了极大的工作难度。新型摊/烤片机采用芯片控温系统、陶瓷发热片和操作台凹槽设计，具有摊片烤片性能稳定、控温准确、恒温加热、拿取方便、节约时间的优点。其中，新型摊/烤片机利用单片机实现恒温控制，根据温度采集系统收集到的仪器温度数据，通过电路反馈，自动调节到目标温度，实现温度恒定。陶瓷发热片则是直接在 Al_2O_3 陶瓷生坯上印刷电阻浆料后，在 1600℃ 左右的高温下共烧，再经电极、引线处理后，所生产的新一代中低温发热元件，其具有如下优点：①结构简单，升温迅速，温度补偿快，加热温度高，可达 500℃ 以上；②节能，功率密度大，热效率高，加热均匀；③无明火，使用安全；④寿命长，功率衰减少；⑤发热体与空气绝缘，元件耐酸碱及其他腐蚀性物质。摊/烤片机操作台上固定设有凹槽，使病理技术员在制片时拿取方便，也降低了病理技术员的工作难度。

近年来，摊/烤片机向着集成和智能的方向发展。除了摊片和烤片这两个环节外，部分摊/烤片机还将染色等环节的功能集成到仪器中，成为多功能病理切片处理机，让医护人员进行病理切片处理工作更为方便。在智能化方面，新型摊/烤片机采用单片机或计算机对仪器系统进行控制，实现摊片水浴缸恒温加热、烤片平台恒温加热、照明系统亮度可调、自动清洁净化水缸等功能，使得医护人员的操作更加方便。

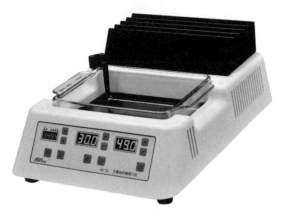

图 9-1　摊/烤片机

9.1　工作原理

摊/烤片机的主要工作原理是将采集到的摊片液面温度数据和烤片台温度数据通过微电脑单片机系统进行处理，以控制和实现各部分加热启停、保持恒温、定时开关机、照明灯开关等。具体工作流程如下。

(1)接通电源，打开电源开关。

(2)使用镊子将切片放入伸展器的温水中。

(3)进行摊片。

(4)将蜡片贴附于载玻片上(注意事项：蜡片的位置应该在载玻片左边或右边 2/3 的位置，空位用于贴附标签)。

(5)将承载蜡片的载玻片斜置在烘烤架上进行烘烤。

(6)烤片完毕，清理工作区域，关闭电源。

9.2　结构组成

以金华科迪 KD-THⅢ生物组织摊/烤片机(如图 9-2 所示)为例，该设备主要由摊片模块、烤片台、温度采集系统、时钟控制系统、显示系统等组成。

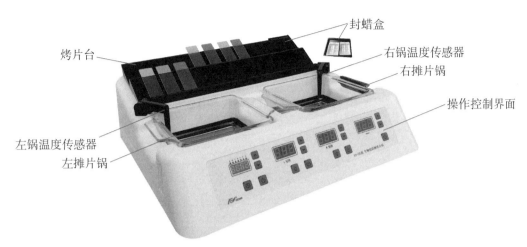

图 9-2　KD-THⅢ生物组织摊/烤片机

（1）摊片模块采用双锅设计，分左摊片锅和右摊片锅。摊片锅由纯铝铸造，镶嵌高透明度的有机玻璃作为透视窗，造型美观、实用。两个摊片锅大小、功能相同，采用分体式设计，换液换水方便，具有独立的温度数据采集、加热控制、显示功能，可分别设置不同温度，满足不同摊片要求，也可独立关闭和开启任意摊片锅。

（2）烤片台呈 35°斜坡、阶梯式，具有独立的温度数据采集、加热控制、显示功能，可独立开启和关闭。另外，烤片台还可配置封蜡盒，以对切片后的组织进行即时封蜡。

（3）温度采集系统采用高精度的温度传感器，将采集的液面温度数据传送至微处理器处理并控制加热，使得控温更加准确，从而保证摊片水温与设定温度一致。

（4）时钟控制系统用于设定仪器自动开关机时间：设置好定时开机后，当技术员开始切片时，摊片的水温已经恒定在设置温度，无须等待，从而提高工作效率；设定定时关机，可防止病理技术员忘记关机，导致干烧等情况。

（5）操作控制界面上的显示系统采用 LED 显示屏，可直观地实时显示设置温度、工作温度及时间等参数，同时具有记忆和自动恢复功能，运行后可自动保存预置温度。

（6）此摊/烤片机的烤片台上还有一个首创的蜡块封蜡功能，能在切片过程中完成对切好的蜡块进行封蜡，有利于蜡块的长期保存。

9.3　临床应用

摊/烤片机广泛应用于各医院、医学院校、公安法医、动植物科研单位及食品检验部门，适用于组织病理学、生物学、形态学、化学和临床细菌学等实验室中对动植物或人体的组织切片进行摊片烤片,是开展病理研究和教学的理想设备。

9.4　质量控制

9.4.1　维护保养

(1)每次使用后,及时用家用清洁剂对仪器表面进行清洁;将摊片锅内的水倒出,并换上干净的水,方便下次使用;换水时请平稳端出摊片锅,谨防水溢出至机器内部,造成仪器损坏;加注水至缸体容积的80%～90%即可,太满会导致摊片作业不便。

(2)建议使用蒸馏水或熟水进行摊片,自来水或生水在初次使用时会产生小气泡。

(3)建议每年对仪器进行至少一次的综合检查与测试。

9.4.2　检测与校准

摊烤片机的检测与校准主要参考 YY/T 0841—2011《医用电气设备 医用电气设备周期性测试和修理后测试》,具体项目如表 9-1 所示。

表 9-1　摊/烤片机检测与校准项目清单

设备名称	摊/烤片机			
参考依据	YY/T 0841—2011			
项目	检测内容	技术要求	检查周期	检测方法
外观及功能检查	说明书或操作卡检查	要求完整齐备	12 个月	目测
	外观检查	要求完好无损	12 个月	目测
	标签标识检查	要求清晰完整	12 个月	铭牌和各种设备管理标签
	开关或按键动作检查	要求灵敏完好	12 个月	手感目测
	显示功能检查	要求清晰完好	12 个月	包括指示灯
电气安全	耐压、漏电流、接地阻抗		12 个月	电气安全测试仪
校准项目	水浴温度检测 0～70℃	±1℃	12 个月	温度计
	烤片温度检测 0～100℃	±2℃	12 个月	温度计

续表

维修保养	从隔热的工作区去除溢出的水垢或碎屑	每天	
	从烤片台上去除凝结物	每天	
	表面和按键板进行清理	每天	
	检查各加热缸的加热状态,是否可控	3 个月	
	查看机器内部时间是否与当前时间吻合	3 个月	
	端起摊片锅,清理机器内锅的污垢	3 个月	
	不开机使用的摊烤片机,需要每月开机自动运行 1 天以上,以保持每月充放电一次,延长内部电池寿命	1 个月	

9.4.3　电气安全

通常建议每隔 12 个月,用专业的检测设备(如 Fluke 电气安全分析仪 ESA615/ESA620)进行一次全面的电气安全测试,电气安全测试的参数包括耐压、漏电流、接地阻抗。

9.5　常见故障

下面以金华科迪的 KD-THⅢ生物组织摊/烤片机为例,其典型故障如表 9-2 和图 9-3 至图 9-5 所示。

表 9-2　摊/烤片机典型故障

序号	故障现象	故障原因分析	故障排除	备注
1	照明灯不亮	照明灯不良	更换灯控制板一套	如图 9-3 所示
2	烤片温度失控	固态继电器损坏	更换固态继电器	如图 9-4 所示
3	显示错误代码 Erb:温度显示出错	温度传感器接触不良	检查测温连接线或更换温度传感器	如图 9-5 所示

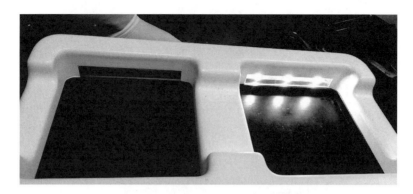

图 9-3　故障现象 1：照明灯不亮

图 9-4　故障现象 2：烤片温度失控

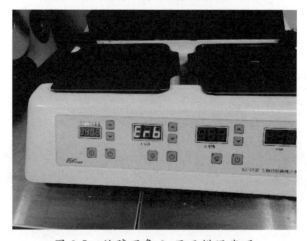

图 9-5　故障现象 3：显示错误代码

第 10 章　全自动染色机

自从安东尼·范·列文虎克发明光学显微镜以来,组织染色逐渐成为一门科学。过去的染色技术主要围绕着光学显微镜的发展,因为过去的染色技术依靠自然的简单染料,如靛蓝、藏红花等。

随着科学的发展,更复杂的显微镜的出现推动了具有更好的组织可视化能力的染色剂的发展。这一切都始于 19 世纪 70 年代,双重染色法和苏木精—伊红染色法(hematoxylin-eosin staining,HE)的出现。

苏木精—伊红染色法简称 HE 染色法,是石蜡切片技术中常用的染色法之一。该染色法通过苏木精染液,使细胞核内的染色质与胞质内的核酸着紫蓝色;通过伊红的酸性染料特质,使细胞质和细胞外基质中的成分着红色,继而显示出各种组织或细胞成分与病变的形态结构特点。HE 染色法是组织学、胚胎学、病理学教学与科研中最基本、使用最广泛的技术方法。

HE 染色法历经手工染色、自动化染色两个时代,目前已进入 HE 全自动染色的新时代(如图 10-1 所示)。自动化已经代替人工操作,自动化的染封工作站在繁忙的病理工作中占据了举足轻重的地位,但随之而来的质控要求也慢慢被病理技术员所重视。我国各地病理质控中心的成立,有关 HE 染色读片会、科室会的技术交流日益增多,HE 染色评分标准的出台等,都预示着 HE 染色法的质量对于诊断的重要性。如何省时高效地制作出一张精良的 HE 染色片也与病理科水准直接挂钩。

图 10-1　HE 染色机

10.1　工作原理

全自动染色机主要是在病理学（基础和临床）、解剖学等学科中进行的组织学研究和检查中，对组织切片进行自动染色的设备，以便观察和分析细胞和组织的结构与功能。染色种类主要适用于 HE 染色和巴氏染色等，被广泛应用于病理科、实验室及检验所等多个临床科室，可以应用于各种类型的组织学、细胞学标本的染色（如血液学标本、肝脏组织切片、癌细胞等），为诊断和治疗提供了有力的支持。

10.2　结构组成

全自动染色机主要由人机交互系统、机械臂转运系统、染色系统、废气过滤系统组成。

10.2.1　人机交互系统

人机交互系统（如图 10-2 所示）由触摸显示屏、工控机组成，用以运行产品本身的系统软件，以实现全自动染色机的运行和各种需要的功能。

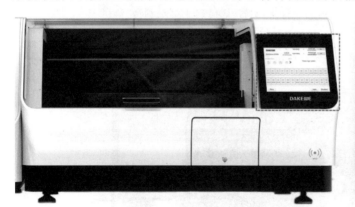

图 10-2　人机交互系统

10.2.2　机械臂转运系统

机械臂转运系统(如图 10-3 所示)由挂钩、机械臂、三轴步进电机和电机驱动模块组成,机械臂转运系统由步进电机驱动,将机械臂定位于各试剂缸的中心位置点,结合算法,可使机械臂沿 X、Y、Z 三轴运动,避免机械臂在运动过程中发生碰撞,并使得机械臂能准确将玻片架放至试剂缸内或将玻片架从试剂缸内提取出来。

图 10-3　机械臂转运系统

10.2.3　染色系统

染色系统(如图 10-4 所示)由加载站点、卸载站点、水洗站点、试剂站点、烤箱站点等组成。

染色系统加载站点、卸载站点位于抽屉区域,可根据需求进行相互切换,试剂站点不足时,可以将加载或卸载站点更换为试剂站点,但至少保留一个加载站点和一个卸载站点。

染色系统水洗站点具有进水、排水功能,主要由废液池、电磁阀、进水管、排水管、液位传感器组成。

染色系统具有控制水箱恒温的效果,由电热棒、温度传感器、液位传感器、水泵组成,可实现设定温度的恒温水浴加热;同时还具备烤箱恒温加热功能,由发热管、温度传感器、温度保护器、风扇组成,产生恒定温度的流动风向,方便对载玻片进行均匀风干。

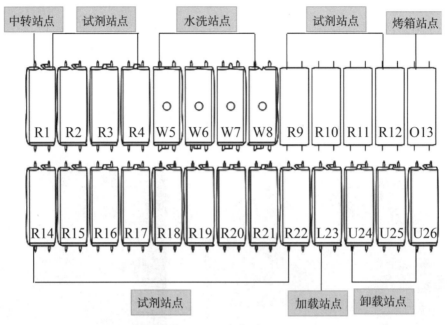

图 10-4　染色系统

10.2.4　废气过滤系统

废气过滤系统（如图 10-5 所示）由活性炭、内侧气体传感器、外侧气体传感器、排风扇组成。该系统依靠活性炭吸附和主动排风装置，结合人机交互系统中的算法，可实现排气扇根据废气浓度值智能调整风速，达到排净有害气体的效果，可有效降低全自动染色机工作时对实验室气体环境的污染，确保操作人员免受有害气体的侵害。

图 10-5　废气过滤系统

10.3　临床应用

全自动染色机用于病理分析前标本（如血液学标本、肝脏组织切片、癌细胞等）的染色，被广泛应用于医院、实验室、医学院等的病理诊断、分析、研究中，为诊断和治疗提供了有力的支持。

10.3.1　病理诊断

全自动染色机可以对组织学、细胞学标本进行染色，以便病理医师观察不同的细胞和组织的形态学和结构学特征。病理医师通过对染色后的标本进行观察和分析，可以进行病理诊断，继而制订合适的治疗方案，如诊断癌症、炎症、感染等疾病。

10.3.2　研究和教学

对染色后的标本进行观察和分析，可以帮助病理医师了解不同疾病的病理生理学过程和病理学特征，帮助医学生了解不同类型的细胞和组织的形态学与结构学特征，从而更好地理解疾病的病理生理学过程。

10.4　质量控制

10.4.1　维护保养

在清洁仪器之前，应关闭电源，拔下电源线。

（1）每日：使用无绒布清洁显示屏；使用软布和温和的中性清洁剂清洁仪器外表面；请勿使用二甲苯、丙酮、含二甲苯或丙酮的溶剂、去污粉和含乙醇的清洁液等物品清洁仪器的外表面。

（2）每周：使用温水冲刷试剂缸、水洗缸等容器内外污垢，必要时使用清洁剂；检查排水口/软管是否有污垢，若有，用活性氧化剂清洁。

（3）每月：检查自来水进水管连接是否正确；检查/清洁过滤器；检查水箱底部是

否有残留物,必要时对其进行清洁;检查/清洁烤箱下面石蜡收集盘是否有石蜡残留;检查/清洁烤箱滤网。

(4)每季度:更换活性炭滤网。

(5)每年:开展预防性维护。

10.4.2　检测与校准

(1)机械臂运转系统检测:检查机械臂是否能快速准确地定位试剂缸中心位置,并能稳定、精确钩取玻片架;检测机械臂挂钩是否发生变形,检测机械臂挂钩钩取载玻片架运动时是否平稳不晃动,避免造成载玻片架被破坏的风险,损坏切片。

(2)染色系统—水洗站点检测:检查水洗站点是否能正常进水和排水,检查水洗站点方向是否放置正确。

(3)液路系统检测:检查试剂水浴站点的水箱进水、排水是否正常,检查废液池排水管排水是否通畅,有无污垢堵塞,若有,则清洁干净。检查试剂水浴加热站点加热能否达到设定的温度值,检查人机交互系统的显示屏显示的水箱温度是否准确。

(4)烤箱功能检测:检查烤箱站点加热是否正常,能否达到设定的温度值,有无过冲现象,检查人机交互系统的显示屏显示的烤箱温度值是否准确。

(5)废气过滤系统检测:检查排气扇是否能正常运转;检查废气浓度检测传感器是否能正常工作(可用喷有酒精的软布进行堵住检测);检查打开防护罩时,排气扇是否能根据浓度值自动调整转速;检查人机交互系统的显示屏显示的废气浓度是否与实际测量值一致及活性炭是否到更换期限。

10.4.3　电气安全

要确保插座有可靠接地,通常建议每隔 12 个月,用专业的检测设备(如 Fluke 电气安全分析仪 ESA615/ESA620)进行一次全面的电气安全测试,电气安全测试的参数包括接地电阻、绝缘阻抗、机架漏电流。

10.5　常见故障

下面以达科为 DP360 全自动智能染色机为例,其典型故障如表 10-1、图 10-6、图 10-7 所示。

表 10-1　达科为 DP360 全自动智能染色机典型故障

序号	故障现象	故障原因分析	故障排除	备注
1	机械臂通信超时	1.24V 电源供电异常； 2.步进电机控制板元器件损坏； 3.主控板与步进电机控制板线缆连接不良	1.排查 24V 电源供电异常原因； 2.更换步进电机控制板； 3.检查、重新压接线缆	—
2	烤箱加热失败	1.烤箱加热器线缆松脱； 2.烤箱发热管故障	1.将烤箱加热器线缆重新插拔并紧固； 2.拆下发热管检查是否已损坏并进行更换	如图 10-6 所示
3	水洗站点不进水	1.排水管堵塞，废液池的水位触发液位传感器； 2.排水管摆放不平齐，排水缓慢容易回流，导致触发液位传感器	1.检查排水管是否堵塞，并疏通排水管 2.检查排水管摆放是否平齐，调整排水管位置、清洁排水管	—

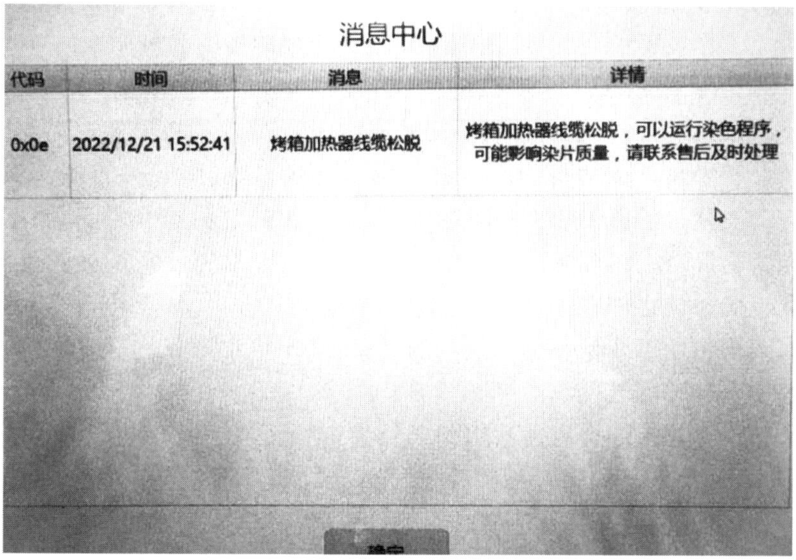

图 10-6　故障现象：烤箱加热失败

第11章 自动盖片机

染色完的组织样本切片须经盖玻片封片后,才能至显微镜下阅片。早期的封片步骤往往由手工操作完成,费时费力且一致性较差。此外,在封片过程中,操作人员被迫暴露在与二甲苯接触的环境中,其健康也受到了影响,存在安全隐患。近些年来,病理科室大都配备了自动盖片机,以代替手工封片。自动盖片机有树胶盖片机和透明胶带封片机两种。

自动盖片机主要由玻片架上载、玻片架转移、载玻片转移、出胶、封片、存储、晾片等模块组成,它采用数字化控制技术和自动化控制技术,可以完成盖玻片高效分离、自动出胶和封片等工作。此外,自动盖片机还具有高效率、高稳定性等优点,在提高病理学实验室工作效率的同时,还提高了病理学研究的精度和可靠性。

自动盖片机除了提高了生物样品制备的效率和质量,还推动了生物医学研究的进展,已经成为现代生命科学研究中不可或缺的工具之一。在国外,德国公司徕卡和日本公司樱花都是自动盖片机的引领性厂商。近年来,我国国内的自动盖片机厂家开始重视自动盖片机的研发和推广。在国内,达科为医疗科技有限公司、宁波察微生物科技有限公司等也在该领域涉猎较深。随着医学技术和设备技术的不断发展,自动盖片机的发展速度也将越来越快,并且更加趋于多样化、智能化和自动化。此外,自动盖片机还更加注重环保和操作人员的健康,采用更加环保和健康的材料与工艺,提高设备的安全性和可靠性。

未来的自动盖片机还会增加数字条码扫描,粘贴盖玻片识别、分离等更智能化的模块,与全自动染色机等病理科设备一起更好更快地实现数字化制片。随着科技的进步,自动盖片机将会变得更加智能、高效和可靠,并通过改进和创新继续满足人们在生物医学领域中不断增长的需求。

11.1 工作原理

载玻片是通过显微镜观察生物样本时用来放生物样本的玻璃片或石英片,制作样本时,将细胞或组织切片放在载玻片上,将盖玻片覆盖其上,用作观察。盖玻片是用显微镜观察时覆盖载玻片上样品的方形薄玻璃片。封片是使用封固剂将组织切片封固保存于载玻片与盖玻片之间,使之不与空气发生接触,防止其氧化、褪色的一道工序。操作人员将载玻片样本放入玻片架,自动盖片机会将载玻片架转移到工作轨道上;轨道缓慢向前进给,检测到载玻片后立即停止运动;机械臂通过夹取或平移的方式将载玻片转移到待封片位置;针头喷嘴将固封剂定量、定形地喷在待封片的载玻片上;之后机械臂吸取一片盖玻片以一定的角度盖上去,将组织切片封固保存于载玻片与盖玻片之间,存储凉片后使之不与空气发生接触,防止其氧化、褪色,利于镜检观察及保存。

11.2　结构组成

下面以达科为 CS500 盖片机为例介绍,该设备主要由玻片架输入模块、玻片架轨道模块、夹爪模块、中心转盘模块、滴胶＋推片模块、封片头模块、玻片架输出模块等部分组成(如图 11-1 所示)。

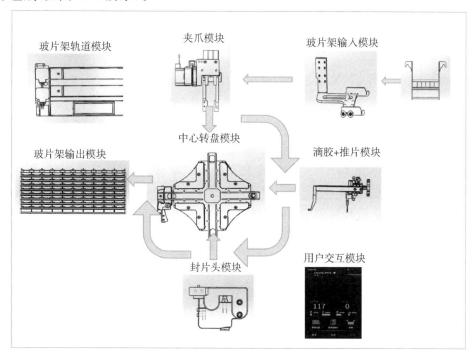

图 11-1　封片机组成模块

11.2.1 玻片架输入模块

玻片架输入模块(如图 11-2 所示)由外部中转与内部中转模块组成。

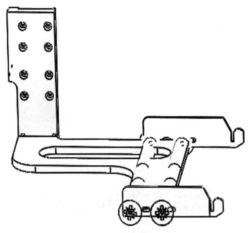

图 11-2 玻片架输入模块

(1)外部中转模块由 X 轴方向运动组件、Z 轴方向运动组件、中转挂钩组件组成。在与全自动染色机联机组成全自动染色封片机时使用,外部中转模块将染色完成的载玻片架转移到全自动染色机内部中转模块的转接盒上。

1)X 轴方向运动组件、Z 轴方向运动组件负责移动挂钩到相应位置。

2)中转挂钩负责提玻片架。

(2)内部中转模块由内部中转站与内部中转臂组成。

1)内部中转站负责将载玻片架移动到与加载盒相同的 Y 轴方向。

2)中转臂负责将载玻片架转移到玻片加载盒中。

11.2.2 玻片架轨道模块

玻片架轨道模块(如图 11-3 所示)由轨道 1 运动组件、轨道 2 运动组件、挡片组件三个部分组成。

玻片架轨道功能如下所示。

(1)轨道 1 运动组件负责将玻片架运送到封片等待位置,并往回移动协同夹爪模块,使载玻片被夹爪夹取,并运回空玻片架。

(2)轨道 2 运动组件主要负责存储联机模式下封完片的空玻片架。

(3)挡片组件负责识别轨道 2 运动组件中的玻片架数量,每个轨道两架,最多可存储四架空玻片架,当玻片架数量达到四架以后会触发挡片处传感器,发出信号提示取出玻片架。

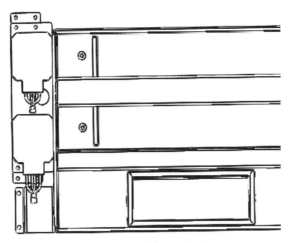

图 11-3　玻片架轨道模块

11.2.3　夹爪模块

夹爪模块(如图 11-4 所示)由 Z 轴移动单元、旋转单元、夹爪单元、玻片识别单元四部分组成。

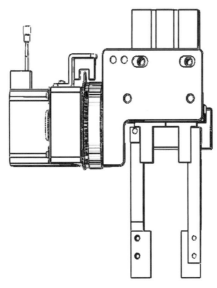

图 11-4　夹爪模块

夹爪模块功能如下所示。

(1) Z 轴移动单元负责上下移动夹爪单元到夹片位置、旋转位置和放片位置,并且使用的是刹车电机,安全性较高。

(2)旋转单元可以保证夹爪在使用过程中永远保持在夹持玻片位置,同时在夹取载玻片后旋转载玻片使之与中心转盘放载玻片的面保持平行。

(3)夹爪单元主要有两个夹臂、夹臂位置传感器、夹爪气缸,由气缸控制夹爪的开闭,实现夹片的功能。

(4)玻片识别单元有两个光电传感器,经过软件逻辑上的设置,可以在玻片架沿着 Y 轴移动的过程中识别区分玻片架与玻片。

11.2.4　中心转盘模块

中心转盘模块(如图 11-5 所示)由中心转盘、位置识别、导向块、浸泡槽四部分组成。

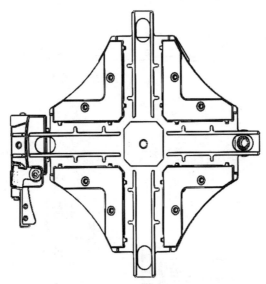

图 11-5　中心转盘模块

中心转盘模块功能如下所示。

(1)中心转盘承载玻片,将玻片转动到封片位置进行滴胶与封片。

(2)位置识别单元保证转盘每次转动 90°。

(3)导向块使玻片能顺畅转移到存储模块上。

(4)浸泡槽内灌注二甲苯,用于浸泡出胶针头防止堵塞影响出胶。

11.2.5　盖玻片加载模块

盖玻片加载模块(如图 11-6 所示)由 Z 轴运动组件、弹簧柱塞件、盖玻片盒三个部分组成。

盖玻片加载模块功能如下所示。

(1)Z 轴运动组件沿着 Z 轴上下移动,每次封片完成后将盖玻片向上顶固定距离,保证吸盘正常吸取盖玻片。

(2)弹簧柱塞件给盖玻片盒提供定位参考。

(3)盖玻片盒存储盖玻片,同时固定盖玻片位置,保证盖片精度。

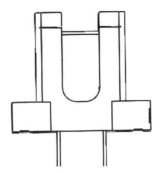

图11-6　盖玻片加载模块

11.2.6　滴胶＋推片模块

滴胶＋推片模块(如图 11-7 所示)主要由滴胶 X 轴运动组件、推杆组件、喷嘴组件三个部分组成。

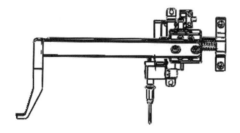

图 11-7　滴胶＋推片模块

滴胶＋推片模块功能如下所示。

(1)滴胶 X 轴运动组件将喷嘴与推杆从初始位置移动至推片位置推玻片进托盘,然后往回移动至滴胶位置开始滴胶,完成滴胶动作后回到原点。

(2)推杆组件负责推动已经完成盖片动作的玻片到存储模块中。

(3)喷嘴组件主要负责出胶功能,在玻片上均匀地滴落封固剂。

11.2.7　封片头模块

封片头模块(如图 11-8 所示)由 X 轴运动组件、Z 轴运动组件、封片头组件三个部分组成。

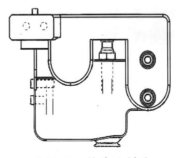

图 11-8　封片头模块

封片头模块功能如下所示。

(1)X轴运动组件负责精准移动封片头组件到封片位置和吸取盖玻片的位置。

(2)Z轴运动组件负责控制盖片时的移动过程。

(3)封片头组件有吸取盖玻片、放置盖玻片、判断碎片并丢弃的功能。封片头组件上安装了光纤放大器,可以精准地识别盖玻片状态。

11.2.8　玻片架输出模块

玻片架输出模块(如图11-9所示)主要由托盘X轴运动组件、托盘Z轴运动组件、托盘组件三部分组成。

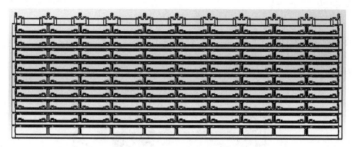

图11-9　玻片架输出模块

玻片架输出模块主要功能如下所示。

(1)托盘X轴、Z轴运动组件负责精确移动托盘到进片位置,并在每个托盘格子进片以后,移动到下一个位置。当存满玻片以后,可以从设备内部移动至设备外部方便更换新的托盘;同时托盘可设置为"S"形走位与"Z"形走位两种方式。

(2)托盘组件共分为9层,每层可以存放10片玻片,共可存放90片玻片。

11.3　临床应用

自动盖片机在临床应用中可用于常规组织、细胞、免疫组织、涂片等类型的封片,它可以将组织切片或细胞样本放置在载玻片上,并使用封固胶水和盖玻片将其密封,以保护样本并使其可以被长期保存。这有助于病理医师进行准确的诊断和治疗,并为患者提供更好的医疗服务。此外,自动盖片机还可以用于制作免疫组化检查的玻片,以帮助病理医师诊断可能存在的肿瘤和其他疾病。

11.4　质量控制

11.4.1　维护保养

每次开始维护之前,关闭仪器,拔下电源插头。

(1)每日:工作完毕后正常关机;检查工作区是否有碎玻璃或残留黏着物,必要时用蘸有能溶解黏着物的溶剂的布清洁;检查装载槽试剂量是否足量,必要时进行加注。

(2)每周:检查并清洁轨道、试剂瓶装载槽、托盘、吸盘。

(3)定期:每 3 个月更换活性炭过滤器。

11.4.2　检测与校准

(1)盖玻片碎片检测功能:

测试方法:准备一片碎成两半的盖玻片放到盖玻片盒中,查看封片过程中封片头吸取到碎片后是否会将碎片丢弃到碎片收集盘里。

(2)玻片架满载检测:

测试方法:连续按输出轨道能容纳的最大玻片架数量进行封片,等待所有的玻片架都被转移到卸载轨道后,系统会弹窗提示出料槽满载,操作人员取出玻片架后,系统会提示确认玻片架是否被取走,如果没有取走,仍然会弹窗提示出料槽满载,直至玻片架被取走。

(3)盖玻片数量检测:

测试方法:在盖玻片盒中放置一定数量的盖玻片,等待机器开机自检显示盖玻片数量,如果显示数量不准,则需重新校准。

校准方法:在设备主界面点击更换盖玻片,放入装有 100 片盖玻片的盖玻片盒,选择校准功能,重复多次校准直至通过(推荐校准次数为 10 次)。

11.4.3　电气安全

要确保插座有可靠接地,通常建议每隔 12 个月,用专业的检测设备(如 Fluke 电气安全分析仪 ESA615/ESA620)进行一次全面的电气安全测试,电气安全测试的参数包括接地电阻、绝缘阻抗、机架漏电流。

11.5 常见故障

下面以达科为 CS500 封片机为例,其典型故障如表 11-1 和图 11-10 至图 11-13 所示。

表 11-1　达科为 CS500 封片机典型故障

序号	故障现象	故障原因分析	故障排除	备注
1	托盘卡片	1.托盘底下有石蜡,将托盘垫高; 2.托盘受较大外力变形; 3.托盘没放好	1.清洁托盘底座上的废蜡; 2.更换变形的托盘; 3.规范化放置托盘	如图 11-10 所示
2	盖玻片黏片	1.盖玻片来料没有进行烘干防潮处理; 2.盖玻片过夜后受潮; 3.更换盖玻片时直接裸手操作	1.建议操作技术员采用质量较好的盖玻片,并使用干燥柜存储; 2.关机前取出剩余的盖玻片放置到防潮柜存储; 3.规范操作	如图 11-11 所示
3	有气泡	1.胶的黏度不合适; 2.出胶形状不合适; 3.组织类型有空腔	1.按厂家提供的标准进行胶的调配; 2.确认出胶的形状; 3.采用浸泡湿封	如图 11-12 所示
4	溢胶	1.胶的黏度不合适; 2.出胶形状不合适	1.按厂家提供的标准进行胶的调配; 2.确认出胶的形状	如图 11-13 所示
5	泵堵	1.长时间不使用机器导致胶凝固; 2.没有定期添加清洗试剂	按厂家提供的保养方案进行维护存储	——

该盖玻片应该是这个表面的中心

图 11-10　故障现象 1:托盘卡片

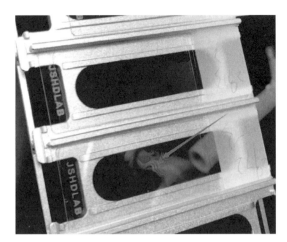

图 11-11　故障现象 2：盖玻片黏片

图11-12　故障现象 3：有气泡

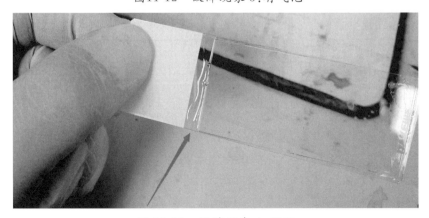

图 11-13　故障现象 4：溢胶

第 12 章　生物显微镜

我们在探讨生物显微镜的发展历史及其现状时,不仅在追溯一系列科学工具的演进,而且在揭示生命科学领域知识不断扩展的历程。生物显微镜的发展反映了人类对自然界深层次理解的追求,以及科技进步对这一理解的巨大推动作用。

17世纪,列文虎克凭借其对光学的兴趣及实验精神,制造了一系列具有前所未有放大能力的单镜片显微镜。这些显微镜的出现不仅标志着显微技术的初步形成,而且为生物学家提供了观察微观生命形式的新窗口。列文虎克的显微镜最高放大能力可达200倍,他利用这些工具首次观察到了细菌和红细胞等微观实体,开启了显微生物学的全新领域。

随后在19世纪,显微镜技术经历了一次革命性的飞跃,其关键人物包括德国光学家卡尔·蔡司和物理学家恩斯特·阿贝。两人通过引入数学和光学理论,大幅提高了显微镜的分辨率和清晰度。他们的工作不仅极大地提升了显微镜的性能,更为后续显微镜技术的发展奠定了坚实的理论和技术基础。

20世纪30年代,电子显微镜的发明标志着显微技术进入一个全新的时代。德国物理学家马克斯·克诺尔和恩斯特·鲁斯卡通过使用电子束代替光束,极大地提升了显微镜的分辨率。这一技术的出现,使得科学家能够观察到更小尺寸物体的结构,如原子级别的细节,从而为材料科学、生物学等领域的研究提供了强大的新工具。

进入21世纪,显微镜技术的发展再次迎来新的突破。尤其是荧光显微镜和共焦显微镜的应用,为观察细胞内部结构和动态过程提供了更高的清晰度和精确度。在21世纪初,斯特凡·赫尔和埃里克·贝茨格以及威廉·莫纳的工作,对超分辨率显微镜技术做出了重大贡献。特别是斯特凡·赫尔开发的受激发射损耗(STED)技术,通过一种独特的方法控制荧光物质的激发状态,使得显微镜的分辨率超越了传统光学的极限。而埃里克·贝茨格和威廉·莫纳在单分子显微镜技术方面的创新,通过精准地定位单个荧光分子的位置,为观察生物结构的微观细节提供了新的手段。这些技术的发展,不仅使得科学家能够以前所未有的细节观察生物结构,还为未来的生物医学研究开辟了新的可能性。

生物显微镜的发展历史是一段充满创新和突破的历程。每一次技术的飞跃都为生命科学的探索提供了新的视角和工具。从列文虎克的单镜片显微镜到当今的超分辨率显微技术，显微镜作为探索微观世界的重要工具，其发展历程不仅反映了科学技术的进步，而且见证了人类对自然界深层次认识的不断拓展。未来，随着科技的进一步发展，生物显微镜将继续在生命科学领域扮演重要的角色，揭示更多关于生命奥秘的知识。

12.1　工作原理

生物显微镜是通过透镜来实现被检物体的放大的。单透镜成像具有像差，严重影响成像质量，因此显微镜的主要光学部件都由透镜组合而成。从透镜的性能可知，只有凸透镜才能起放大作用，为便于了解生物显微镜的放大原理，以下简要说明凸透镜的 5 种成像规律。

（1）当物体位于凸透镜物方 2 倍焦距以外时，则在像方 2 倍焦距以内、焦点以外形成缩小的倒立实像。

（2）当物体位于凸透镜物方 2 倍焦距上时，则在像方 2 倍焦距形成同样大小的倒立实像。

（3）当物体位于凸透镜物方 2 倍焦距以内、焦点以外时，则在像方 2 倍焦距以外形成放大的倒立实像。

（4）当物体位于凸透镜物方焦点上时，则像方不能成像。

（5）当物体位于凸透镜物方焦点以内时，则像方也无像的形成，而在凸透镜物方的同侧比物方远的位置形成放大的直立虚像。

显微镜的成像原理就是利用上述（3）和（5）的成像规律把物体放大的。当物体处在物镜前 F～2F（F 为物方焦距）时，则在物镜像方的二倍焦距以外形成放大的倒立实像。显微镜在设计上，将此像落在目镜的一倍焦距 F1 之内，使物镜所放大的第一次像（中间像）又被目镜再一次放大，最终在目镜的物方（中间像的同侧）、人眼的明视距离（250mm）处形成放大的直立（相对中间像而言）虚像。因此，当操作人员在进行镜检时，通过目镜（不另加转换棱镜）看到的像与原物体的像方向相反。

显微镜的光学成像系统由两个部分组成，靠近物体部分的透镜组称为物镜；靠近眼睛的透镜组称为目镜。物镜组把物体成像在目镜前焦面上，形成一个放大倒立的实像，即中间像，然后由目镜组再次放大供目视观察，如图 12-1 所示。

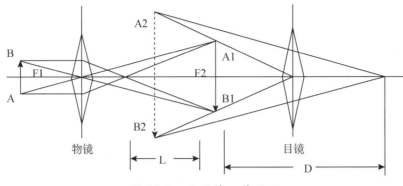

图 12-1　显微镜工作原理

显微镜放大率计算公式：

$$M=\beta\times\gamma$$

式中：M 为显微镜总放大率；β 为物镜放大率；γ 为目镜放大率。

12.2　结构组成

生物显微镜设备包括光学系统、机械系统，如图 12-2 所示。

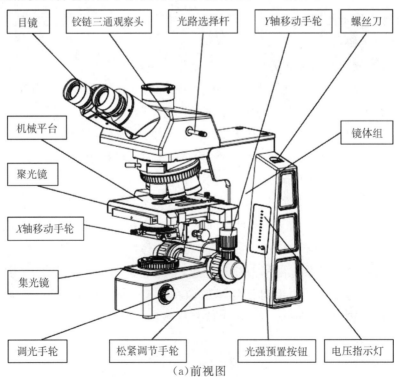

（a）前视图

图 12-2　生物显微镜

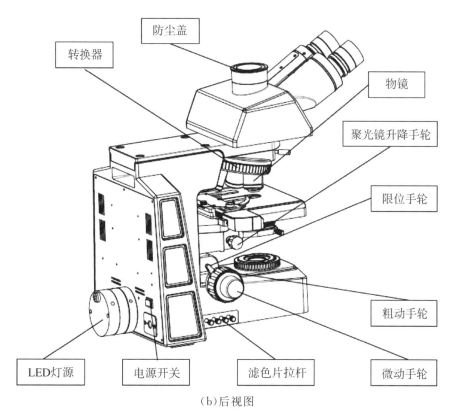

（b）后视图

图 12-2　生物显微镜（续）

12.2.1　光学系统

光学系统包含目镜、物镜、聚光镜和照明。

（1）目镜（如图 12-3 所示）按放大色差校正状况可分为消放大色差目镜和补偿目镜。按目镜视场数可分为非广角目镜、广角目镜、超广角目镜等。对于 10× 目镜而言：视场数<18，常称为非广角目镜；18≤视场数≤20，常称为广角目镜；视场数>20，常称为超广角目镜。

图 12-3　目镜

　　(2)物镜(如图 12-4 所示)分为平场色差物镜、半复消色差物镜和复消色差物镜，根据放大倍率又可分为 2×、4×、10×、20×、40×、60×、100×。

图 12-4　物镜

　　(3)聚光镜可分为摇出式聚光镜和非摇出式聚光镜，它的作用是将光源发出的光线形成一束与物镜数值孔径相适应的光束，均匀地照明标本片。由于各个物镜的数值孔径不同，要求照明光束的孔径角也有相应的变化，因此，聚光镜中必定有一个能连续改变照明孔径角的可变光阑，此光阑称为可变孔径光阑(AP)。可变孔径光阑的大小除了可以改变图像的亮度外，还直接影响到图像的鉴别率、对比度和景深。

　　(4)照明采用复眼照明系统，可提高反差率，切实提高标本面的照明均匀性，并且在任何放大倍率下，视野边缘均可实现均匀亮度的背景亮度。位于工作台下方的透镜组称为聚光镜，位于灯泡附近的透镜组称为集光镜，由聚光镜、反光镜及集光镜等构成了生物显微镜的照明系统。

12.2.2　机械系统

　　机械系统主要包含双层复合机械移动平台和调焦机构。

　　(1)双层复合机械移动平台的调节手柄可以根据操作人员的需求安装到平台的左右任何一边，以满足不同操作人员的使用需求。采用阻尼式双切片夹，可同时夹持两个切片快速对比分析，移动范围为 80mm×55mm，精度为 0.1mm；载物台表面采用特殊表面处理工艺，防腐耐磨。

　　(2)调焦机构采用粗调和微调两级传动，带有松紧调节装置与随机上限位装置，可自行调节粗调机构的扭力大小，并可设定任意位置为粗调上限位。粗调行程为 25mm，微调精度调高到 1 μm，高灵敏度的微调机构不仅能进行精确调焦，而且能兼做精密测量。

12.3　临床应用

生物显微镜是生命科学常规工具,拥有强大的透射光照明、高品质的光学性能以及技术先进的附件,对于特殊的诊断要求,生物显微镜经国家市场监督管理总局认证可用于体外诊断(in vitro diagnosis,IVD)。目前,生物显微镜被广泛应用于医科类高等院校、生物学实验室、医学实验室、医院病理科、疾控中心等,以开展基础科研与教学、临床诊断、病理分析,用来进行对生物切片、生物细胞、细菌,以及活体组织培养、流质沉淀等的观察和研究,同时可以观察其他透明或者半透明物体,以及粉末、细小颗粒等物体。

12.4　质量控制

12.4.1　维护保养

(1)机械维护:使用防尘罩是保证生物显微镜处于良好机械和物理状态最重要的方法。如生物显微镜的外壳有污迹,可用乙醇或肥皂水进行清洁(不可用其他有机溶剂来清洁),但切勿让这些清洗液渗入生物显微镜内部,否则会造成内部电子部件的短路或烧毁。应保持生物显微镜使用场地的干燥,尽管生物显微镜采用了特殊的防霉处理工艺,但若其长期工作在湿度较大的环境中,还是容易增加霉变的概率。因此,如若生物显微镜不得不工作在湿度较大的环境中,建议使用去湿机。

(2)光学部件(物镜、目镜、反光镜等)的清洗:保持光学部件的清洁对于保证显微镜良好的光学性能来说非常重要。若光学部件表面及仪器有灰尘和污物,在擦前应当先用吹气球吹去灰尘或用柔软毛刷去污物。应当用专用棉签、高标镜头纸及专用的镜头清洁液对光学部件表面进行清洁。擦镜纸或棉签应恰当蘸上溶剂,但不要使用太多溶剂,否则溶剂渗透到物镜内,会造成物镜清晰度下降及物镜损坏。生物显微镜目镜、物镜的表面镜头最容易受到灰尘、污物及油的黏污,当发现衬度、清晰度降低时,则需用放大镜仔细检查目镜、物镜镜头的状况。低倍物镜有相当大的前组镜片,可用棉签或擦镜纸蘸上清洁液来擦拭。而高倍物镜由于应用了一个有小曲率半径凹面的前组镜头,因此在擦拭前组镜头时,应先用放大镜仔细检查污染状况,然后再用棉签清洁。擦拭镜头表面时动作要轻柔,不要过度用力或有刮擦动作,并确保棉签接触到镜头的凹面。在清理过程中,往往需要反复用放大镜检查清理状况,而镜头表面如有手指印则会降低成像的清晰度,因此,切勿用手触摸镜头表面。当生物显微镜使用过浸油(甘油、水)物镜时,应及时将物镜表面擦拭干净,并检查相邻物镜有无粘上浸油,如有,应及时擦清,以使生物显微镜始终保持成像清晰。

准备工作:认真清洗双手,并准备好一些必要的清洗工具(如图 12-5 所示),如专用清洁液、吹气球、放大镜、高标擦镜纸和专用棉签(医用棉签)等,如有小型反射灯则更佳。

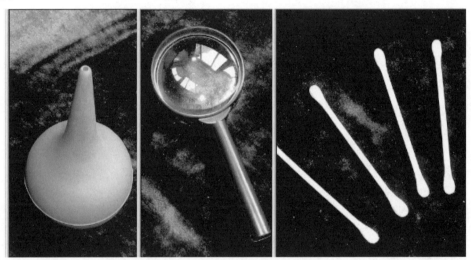

图 12-5 清洗工具

镜面擦拭应从镜面中心开始缓慢向外,擦拭方向如图 12-6 所示。

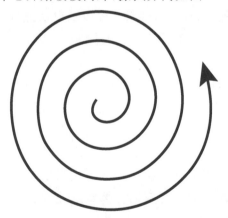

图 12-6 镜面擦拭方向

12.4.2　检测与校准

（1）视度调节：右目镜成像清晰后，用左眼观察左目镜，如果不清晰，则旋转视度调节环①（如图 12-7 所示），直至成像清晰为止。视度调节环①上有 ±5 个屈光度，与座上直刻线②对齐的数值就是眼睛的视度值。

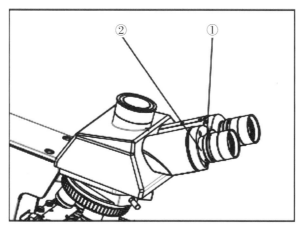

图 12-7　视度调节

（2）瞳距调节：双眼观察时，双手分别握住左右棱镜座绕转轴旋转以进行瞳距调节，直到双眼观察时两目镜筒之间的距离与观察者的瞳距一致，左右视场合二为一，如图 12-8 所示。

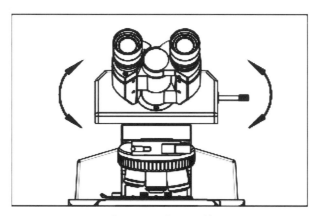

图 12-8　瞳距调节

（3）聚光镜对中：

1）转动聚光镜升降调节手轮①（如图 12-9 所示），将聚光镜升到最高位置。

2）拨动扳手②，将聚光镜前透镜摇入光路。

3）使用 20× 以上的物镜时，聚光镜前透镜都应摇入光路。

4）将 20× 物镜转入光路，并对标本进行对焦。

5）旋转视场光阑调节环③，将视场光阑开到最小位置。此时，在目镜中能看到视场光阑的成像。

6)转动聚光镜升降调节手轮,将视场光阑的图像调至清晰。

7)调节聚光镜中心调节螺钉④,将视场光阑的图像调整至视场中心。

8)逐步打开视场光阑,如果视场光阑的图像一直处在视场中心并和视场内切,则表明聚光镜已正确对中。

9)实际使用时,应稍加大视场光阑,使它的图像刚好与视场外切。

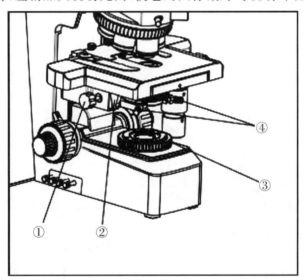

图 12-9　聚光镜对中调节

12.4.3　电气安全

通常建议每隔 12 个月,用专业的检测设备(如 Fluke 电气安全分析仪 ESA615/ESA620)进行一次全面的电气安全测试,电气安全测试的参数包括接地电阻、绝缘阻抗、机架漏电流,测试结果应符合 GB 4793.1—2007、YY 0648—2008 的要求。

12.5　常见故障

下面以徕卡 DM2500 显微镜为例,其典型故障如表 12-1 和图 12-10、图 12-11 所示。

表 12-1　徕卡 DM2500 显微镜典型故障

序号	故障现象	故障原因分析	故障排除	备注
1	开启电源灯泡不亮	1.电源线接口松动,导致接触不良; 2.电源开关损坏; 3.电源板烧坏; 4.灯泡使用寿命短,烧坏	1.电源线接口松动导致接触不良,重新插拔即可测试; 2.电源开关损坏,用万用表测量开关的通断检测排除; 3.保障前面两步没有问题,用万用表测量电源板的灯泡输出接口有无 DC12V,判断电源板是否故障; 4.保障前面三步没有问题,拔出灯泡观察灯丝是否烧坏或用万用表测量来排除	如图 12-10所示
2	调光部件调光无反应	电位器内部碳刷接触不良或内部损坏	用万用表测量电位器的引脚阻值,测量时转动调节柄	如图 12-11所示

(a)电源线接口松动

(b)电源开关损坏

图 12-10　故障现象 1:开启电源灯泡不亮

(c)电源板烧坏

图 12-10　故障现象 1：开启电源灯泡不亮（续）

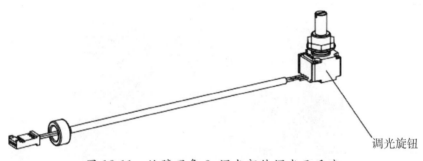

调光旋钮

图 12-11　故障现象 2：调光部件调光无反应

第13章 数字病理切片扫描仪

数字病理切片扫描技术起源于20世纪90年代兴起的远程病理技术,是指将计算机和网络应用于病理学领域,使现代数字系统与传统光学放大装置有机结合的技术。该技术通过全自动显微镜或光学放大系统扫描采集得到高分辨率数字图像,再应用计算机对得到的图像自动进行高精度、多视野、无缝隙拼接和处理,获得优质的可视化数据以应用于病理学的各个领域。

第一届远程病理研讨会于1992年在德国海德堡举行,标志着远程病理技术进入了一个飞速发展的时期,该技术在临床诊断、教学、科研等领域都获得了广泛的应用。但随着临床、科研等领域需求的不断提高和科技的迅速发展,传统远程病理技术受到了图像视野有限等条件的限制,由此促进了全信息数字切片产品的出现,使病理技术进入了数字化的时代。

1999年,美国Aperio公司率先投入数字病理切片扫描仪的研发。2004年,澳大利亚新南威尔士大学首次成功地将数字病理切片系统应用于病理学教学与考试的累积性评估。但直至2009年10月美国食品药品监督管理总局(Food and Drug Administration,FDA)专业委员会专门讨论了数字切片的应用与前景并得出乐观的结论后,才真正给数字病理的发展打了一针"强心剂",此后,世界各国纷纷开始重视数字病理并对其进行大力开发。

数字病理切片的发展从技术层面上来说经历了两个阶段。

第一代的数字病理切片扫描仪在显微镜上装配一个电动载物台,利用高分辨率的电荷耦合器件(charge coupled device,CCD)相机对标本进行连续拍照后拼接图像。这种技术扫描一张切片的时间一般在10分钟以上,清晰度不够高,而且两幅图像之间会有明显的拼接痕迹,很难满足操作人员的要求。

目前最为流行的第二代数字切片扫描技术用类似于办公用扫描仪的方式,将在高倍物镜下采集到的光学图像传送到光电转换器中,变为模拟电信号,再将模拟电信号变换成为数字信号,最后将数字信号传送到计算机后,利用软件合成为完整的图像。此种方式扫描图像质量高,无任何拼接痕迹,图像分辨率可达0.23 μm/pixel;扫描速度快,1~3分钟即可完成整张切片的扫描。匈牙利3DHISTECH公司于1997年率先采用第二代数字切片扫描技术研发成功了世界第一款全信息数字病理切片扫描仪,为国际数字病理界的领先品牌。

我国对数字病理诊断的探索始于 1996 年,时年,北京航空航天大学图像处理中心研发了通过电话线点对点静态图像远程病理诊断系统。1997 年,中国人民解放军空军总医院成立了由 6 位北京地区病理学专家组成的远程病理会诊工作站,并在 28 个大中城市建立了二级会诊站以开展专项远程病理会诊服务。之后,国内许多单位陆续尝试建立起远程病理学网站,进行疑难病例诊断、学术交流、教学,以及向病理科医务人员提供相关病理信息。但受限于技术发展、接受程度和使用成本等,我国的数字病理诊断直到近期才开始商业化探索。

根据 2020 年国际病理学大会报告,预计到 2024 年,病理学市场规模将从 2019 年的 303 亿美元达到 444 亿美元,2019—2024 年的复合年增长率接近 6.1%。其中,2019 年全球数字病理学市场规模为 7.676 亿美元。同时,我国病理诊断行业潜在市场超 300 亿元,市场前景十分广阔。

我国一直以来大力支持病理科建设,2009 年,国家卫生部办公厅发布的《病理科建设与管理指南(试行)》,要求所有二级医院必须设置标本检查室、常规技术室、病理诊断室、细胞学制片室和病理档案。自"十三五"以来,国家积极发展精准医疗、数字医疗,大力推动互联网、大数据、云计算及人工智能等在数字病理、智能诊断、癌症筛查等领域的应用,相继出台《新一代人工智能发展规划》《国务院办公厅关于促进"互联网+医疗健康"发展的意见》等文件,要求推动云计算、大数据、物联网、区块链、第五代移动通信(5G)等新一代信息技术与医疗服务深度融合,大力发展远程医疗和互联网诊疗,并推动手术机器人等智能医疗设备和智能辅助诊疗系统的研发与应用。

13.1 工作原理

数字病理切片扫描仪对切片进行扫描,无缝拼接后生成整张全视野数字化切片,通过计算机和网络,配以阅片软件即可进行数字化病理切片观察、浏览、分析和讨论。数字病理可以实现病理诊断的数字信息化,达到病理诊断的智能化、准确化和标准化。

机械原理:操作人员将病理切片正确放置在卡片盒中,电动机械臂将切片加载到电动载物台上,通过电机控制载物台在 X、Y 方向位移。数字病理切片扫描仪通过聚焦触点电机控制聚焦触点,带动切片在 Z 方向位移,改变焦距。

图像采集原理:加载切片后,首先拍摄分辨率较低的图像用于确定高分辨扫描的范围。根据切片的类型（明场切片或荧光切片），采用不同的模块进行扫描，明场相机及明场光源用于明场扫描，荧光相机及荧光光源用于荧光扫描。电动载物台有规律地移动，配合相机及光源曝光进行图像采集，图像采集从原理上划分，可以分为面阵CCD 和线阵 CCD 扫描。

面阵 CCD 扫描能够直观地对视场中的图像进行观察，但单个视野的面阵成像要遍历整个切片，通过拼接全部"方块"视野后才形成大视野的虚拟切片，因此存在处理数据量大、容易造成拼接错误、速度慢等缺点。面阵图像传感器配合切片的扫描，其具体流程是切片移动一个视场后，停下来等面阵图像传感器曝光，曝光结束后再移动至下一个视场，依此类推，获得多个连续视场的图像数据，最后拼接成全视场的图像。该方法实现简单，但切片需要"走走停停"，且停止后还需再等待一段时间，确保切片稳定后再开始曝光，因而速度比较慢。

线阵 CCD 扫描则是由线阵图像传感器配合切片的匀速运动，一般称为线扫方式，在其扫描时，切片保持匀速运动，速度很快，但是控制复杂，要求载物台的控制精度高，并需要有辅助的对焦装置，系统成本高。

软件原理：通过扫描仪控制软件控制切片盒加载、切片加载、预览图像采集、扫描模式更改、数字图像采集等功能，实现切片全数字化采集工作。

13.2　结构组成

数字病理切片扫描仪主要由以下五大系统组成（如图 13-1 所示）：光学系统、运动执行系统、驱动控制系统、扫描软件系统和设备支持结构。五大系统又由不同部件构成。

13.2.1　光学系统

光学系统由光源、汇聚光线以一定的角度照射到样品表面的聚光镜、用于对通过样品的光线进行放大并成像的物镜和结像镜、对光信息进行收集并转化为数据的相机传感器等部件构成。

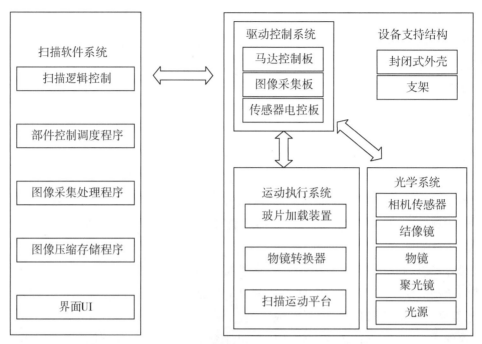

图 13-1 数字病理切片扫描仪组成结构

13.2.2 运动执行系统

运动执行系统由用于支撑样品并可以对样品进行 X、Y、Z 三轴移动的扫描运动平台,承载和切换多个物镜的物镜转换器,以及玻片加载装置等部件构成。

13.2.3 驱动控制系统

驱动控制系统由负责接收命令并控制马达运动的马达控制板、接收图像数据的图像采集板,以及负责整个系统所有传感器信号监控的传感器电控板等部件构成。

13.2.4 扫描软件系统

扫描软件系统由负责对整个扫描流程控制的扫描逻辑程序、负责接收扫描逻辑发出的命令并调度各个部件有序工作的部件控制调度程序、接收图像数据并加以图像处理的图像采集处理程序、生成数字病理玻片文件的图像压缩存储程序和界面 UI 等组成。扫描软件系统实现了个人计算机(personal computer,PC)控制扫描仪的功能,便于操作人员的扫描操作。

13.2.5 设备支持结构

设备支持结构包含设备主要的结构支架、结构连接件,以及封闭式的外壳结构等。

13.3　临床应用

数字病理切片扫描仪可以实现玻片数字化,便于玻片的阅片、共享和保存检索,被广泛应用于病理科、实验室、检验科等多个临床科室。在临床上主要用途如下所示。

(1)全景阅片:用于组织病理、细胞病理等常规病理诊断,使阅片脱离显微镜的限制,便于集体阅片或多媒体教学。

(2)切片保存:不存在传统玻片易碎、保存成本高、不易长期保存等缺点,建设数字病理切片数据库。

(3)数字化教学:可以通过远程软件实现互动式教学,教师和学生可通过不同用户端访问远程教学平台,进行实时交流阅片;或者通过高清多媒体形式,实现数字化教学。

(4)远程会诊:以数字病理切片扫描仪为数字化入口,与病理远程会诊系统、病理信息管理系统等信息化产品结合,打造全数字智慧病理整体解决方案。利用互联网可以实现图像远程浏览、远程会诊、多媒体教学和科研,方便医务工作者和科研工作者读片和讨论,这对医生之间的合作、远程会诊,以及偏远地区的医疗服务具有重要意义。

(5)人工智能辅助诊断:病理切片通过扫描仪数字化,使得人工智能辅助诊断成为可能,数字病理切片扫描仪可以与人工智能算法集成,提供辅助诊断和决策支持。算法通过分析大量的病理数据和历史病例,可以提供相关的临床参考信息、预测患者预后等,以帮助医生做出更明智的诊断和治疗决策。

13.4　质量控制

13.4.1　维护保养

维护保养前,应关闭仪器,拔下电源插头。

(1)保持仪器使用环境清洁,使用完设备套上防尘罩,避免扫描仪的反光镜和聚光镜沾灰而影响操作。为避免划伤镜面,应定期使用专用的清洁剂和清洁布清洗扫描仪的反光镜和聚光镜等。

(2)定期清理仪器内部灰尘。

(3)定期检查仪器放置台面是否平稳牢固。

(4)仪器不使用时,请关闭电源。

13.4.2 检测与校准

数字病理切片扫描仪的检测与校准主要依据《医疗器械产品技术要求:数字病理扫描仪》要求进行,该设备需要检测与校准的项目(功能/指标)有"扫描分辨率"和"扫描时间",建议每年进行一次计量检定。

(1)扫描分辨率项目:物镜为 20 倍下≤0.50 μm/pixel;物镜为 40 倍下≤0.25 μm/pixel。

1)接通扫描仪电源,打开扫描软件,等待扫描仪初始化完成。

2)把标准刻度切片放入 Autoloader(自动加载单元)。

3)调整至物镜为 20 倍的扫描模式。

4)扫描该标准刻度切片的标准刻度尺。

5)用设备厂商提供的阅片软件打开扫描完成的图像。

6)将数字病理切片扫描仪调整为 20 倍显示模式,移动图像到适当位置,截取作为单位长度的 0.1mm 的横向刻度线图像 8 例及纵向刻度线图像 8 例,并另存为 16 个 JPG 格式的图像。

7)检查所存图像的属性,获取横向及纵向单位长度方向的像素数 m1k(其中 1≤k≤16),物镜为 20 倍下的扫描分辨率即为 A1k=0.1×1000÷m1k(μm/pixel),应符合 A1k≤0.5 μm/pixel。

8)将扫描仪调整到物镜为 40 倍的扫描模式。

9)扫描该标准刻度切片的标准刻度。

10)用设备厂家提供的阅片软件打开扫描完成的图像。

11)调整为 40 倍显示模式,移动图像到适当位置,截取作为单位长度的 0.1mm 的横向刻度线图像 8 例及纵向刻度线图像 8 例,并另存为 16 个 JPG 格式的图像。

12)检查所存图像的属性,获取横向及纵向单位长度方向的像素数 m2k(其中 1≤k≤16),40 倍物镜下的扫描分辨率即为 A2k=0.1×1000÷m2k(μm /pixel),应符合 A2k≤0.25 μm/pixel。

(2)扫描时间项目:20 倍下扫描时间≤25 秒,物镜为 40 倍下扫描时间≤90 秒。

1)打开仪器开关,打开扫描软件,等待初始化完成。

2)选择物镜为 20 倍的扫描模式。

3)将设备厂家提供的扫描区域为 15mm×15mm 的待扫切片放入,开始扫描。

4)当界面消息框中出现"开始扫描"消息时开始计时,出现"扫描完成"时停止计时,记录经过时间 T_1。

5)选择物镜为 40 倍的扫描模式,重复步骤 3)~4),记录经过时间 T_2。

6)上述记录的经过时间需满足:$T_1 \leqslant 40$ 秒,$T_2 \leqslant 120$ 秒。

7)重复步骤 3)~6)5 次,获得 5 次测试结果,每次结果均应满足要求。

13.4.3　电气安全

电气安全测试的项目包括接地电阻测试、耐压测试、泄漏电流测试。通常建议每隔 6 个月,用专业的检测设备如接地电阻测试仪(LK2678BX)、程序控制耐压测试仪(LK7122)和医用泄漏电流测试仪(LK2680C)进行对应项目的电气安全测试。

13.5　常见故障

下面以江丰生物数字病理切片扫描仪为例,其典型故障如表 13-1 所示。

表 13-1　江丰生物数字病理切片扫描仪典型故障

序号	故障现象	故障原因分析	故障排除
1	电源指示灯不亮	1. 开关没有打开; 2. 插头没有插在插座处; 3. 电源电压不足	1. 打开开关; 2. 插上插头; 3. 检查电压
2	机器不能正常工作	1. 软件故障; 2. 硬件故障(软件界面无错误提示)	重启设备和软件
3	机器有异响	硬件故障	及时切断电源并联系厂家进行维修

第三篇

常规病理设备临床应用评价体系构建

目前,各类医疗器械的评价标准在不断发展与完善中,例如:美国医学物理学家协会和美国放射学会从评估磁共振成像(MRI)设备的质量保证、模体方面提出了一些评价标准;美国电气制造商协会从 MRI 图像的信噪比、均匀性、伪影、特定吸收率等方面提出了技术性能测试方法和标准;美国放射学会通过多学科合作,建立了包括 MRI 等多种医疗器械在内的利用适宜性评估标准,并开发了辅助临床决策的相关软件。在我国,2014 年修订的《医疗器械监督管理条例》强调了医疗器械临床评价的重要地位。国家食品药品监督管理总局发布《医疗器械临床评价技术指导原则》(国食药监械〔2015〕14 号)指出:医疗器械临床评价是指注册申请人通过临床文献资料、临床经验数据、临床试验等信息对产品是否满足使用要求或者适用范围进行确认的过程。目前,我国对医疗器械临床评价体系的相关政策文件、法律法规,以及上市前和上市后医疗器械临床评价体系正在逐步完善,但我国还没有对医疗器械临床评价体系进行梳理和总结的研究,对于医疗器械评价的研究尚处于起步阶段。浙江大学医学院附属第一医院、内蒙古自治区人民医院等医疗机构曾提出基于德尔菲法和层次分析法的医疗器械质量评价体系,并已初步应用于内窥镜、生理监护仪等医疗器械的评价,应用效果良好。但整体而言,国内对于医疗器械的评价尚缺乏大范围、系统性、综合性的研究,且尚未形成一系列有针对性的、完整的、系统的医疗器械评价指标体系。

本篇描述了常规病理设备临床应用评价体系的构建思路,展示了各类常规病理设备的评价体系、评价方案和案例,以期为我国医疗机构尤其是基层医疗机构开展病理类设备评价及选购提供理论依据,通过评价可为生产企业提供产品设计与改进方面的科学建议,促进国产病理产品各项性能指标的完善和提升。

第 14 章　常规病理设备临床应用评价指标体系

14.1　评价指标体系构建思路

本章根据文献分析法、专家咨询、头脑风暴和深度访谈等方式方法拟定系列病理设备评价指标体系草案及专家咨询问卷。采用德尔菲(Delphi)法确定病理类设备的评价指标,应用层次分析法将每一层次上的要素(指标)进行两两比较,基于 1～9 标度法构建判断矩阵,利用 Excel(电子表格软件)、SPSS(statistical package for the social sciences,社会科学统计软件包)等软件确定各层次指标权重,并对各层次指标权重进行层次单排序及层次总排序一致性检验,得到系列病理设备评价指标体系。病理类设备评价指标体系建立研究技术路线如图 14-1 所示。

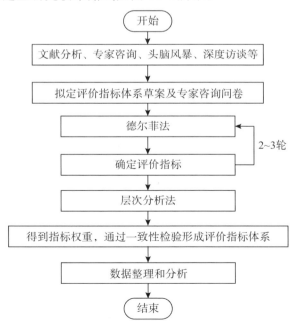

图 14-1　病理类设备评价指标体系建立研究技术路线

14.1.1 研究方法

(1)文献分析:文献分析利用互联网和电子文献数据库等资源对文献进行挑拣,通过收集、鉴别、整理相关文献,包括分析国内外的相关评价指标、指标体系,为评价指标体系建立研究提供相关参考资料和理论依据。

(2)德尔菲法:德尔菲法(Delphi method)也称专家调查法,该方法选取具有代表性的、权威的专家进行多轮咨询,经过多次的数据信息反馈修改及分析整理,使专家意见趋于一致,最后建立一个科学合理的评价指标体系。

(3)层次分析法:层次分析法(analytic hierarchy process,AHP)是美国运筹学家托马斯·萨蒂于 20 世纪 70 年代提出的一种定性与定量相结合的多准则决策方法,其核心是将系统按总的目标划分为多层次,并以最下层评价目标作为衡量总目标达到程度的评价指标,采用定性和定量相结合的手段,对难以度量的问题做出定量处理,使决策过程量化,从而成为求解多准则决策问题的首选方法。本章采用专家对指标的重要性赋值的均数进行两两比较的方法来分析处理,从而确定一级、二级指标的权重。

本章采用层次分析法来确定病理设备评价指标的权重,除此之外,还有加权平均数法、主成分分析法、因子分析法、熵权法、秩和比法和专家排序法等可以确定评价指标的权重。

14.1.2 实施方案

(1)专家遴选:德尔菲法利用众多专家的知识和经验来表达对某个问题的估计和推测。因此,在建立评价指标体系的过程中应充分依靠熟悉和了解评价内容及评价对象的专家。在遴选专家时应考虑专家的代表性和广泛性,专家的人数一般为 15~50 人(虽然选择 4~16 名专家就可以得到比较满意的结果,但是由于存在问卷收不回来、专家打分填写不全等问题,导致样本量不够),学历一般为本科及以上,并具有中级及以上技术职称,拥有 5 年及以上专业工作经验,对本研究有兴趣且愿意参加;考虑专家的权威性对调查结果的可靠性时,需调查专家对所调查问题的熟悉程度(C_s,如表 14-1 所示)、判断依据影响程度(C_α,如表 14-2 所示)并进行统计分析,一般认为专家的权威程度 $C_r = (C_s + C_\alpha)/2 \geqslant 0.70$ 即表示研究结果可靠。

表 14-1　专家对调查问题的熟悉程度(Cs)

很熟悉	熟悉	一般熟悉	不熟悉	很不熟悉
1.0	0.8	0.6	0.4	0.2

表 14-2　判断依据影响程度量化表(Cα)

判断依据	对专家判断的影响程度		
	大	中	小
实践经验	0.5	0.4	0.3
理论分析	0.3	0.2	0.1
参考文献	0.1	0.1	0.05
直观感觉	0.1	0.1	0.05

(2)专家咨询:在结合文献回顾、小组讨论及专家访谈的基础上制定咨询问卷,问卷内容包括咨询目的、问卷填写说明、专家基本情况信息和评价指标体系草案。一般采用当面递送、会议、电子邮件的方式将问卷逐一交给遴选的专家,并请专家在一定的时间内给予回复。每一轮问卷回收后,应对专家提出的问题与意见进行综合分析,并按照一定原则对问卷进行筛选和修改。根据实际情况,为避免重要指标被删除,特设定入选标准:均值>3.5 且变异系数(coefficient of variation,CV)<0.2 的指标予以保留。

变异系数(式 14-1):当需要比较两组数据离散程度大小时,若两组数据的测量尺度相差太大,或者数据量纲不同,不适合直接用标准差来进行比较,则应当消除测量尺度和量纲的影响,而变异系数可以做到这一点,它是原始数据标准差与原始数据平均数的比。

$$CV = (标准差\ SD/平均值\ Mean) \times 100\%\qquad(14\text{-}1)$$

式中:标准差=方差(式 14-2)的算术平方根。

$$方差\ s^2 = [(x_1 - x)^2 + \cdots + (x_n - x)^2]/n\ (x\ 为平均数)\qquad(14\text{-}2)$$

(3)权重确定:当专家意见趋于一致后,对回收问卷进行统计分析得到:①专家函询表回收情况;②专家个人基本信息(性别、年龄、工作年限、职称、学历、研究领域);③专家权威程度;④各级指标的均数、标准差、满分率、变异系数、单层权重;⑤专家协调系数;等等。

1)构建判断矩阵:根据最后一轮专家对各级指标的重要性评分计算出各级指标重要性的算术平均数,利用两两比较的方式确定 Saaty 标度。假设 Zij、Zik 为某一评价方面中任意两个指标的重要性分值。为了构建判断矩阵 **A**,规定如下。

a)若 Zij－Zik＝0,Zij 和 Zik 同等重要,Saaty 标度取 1;

b)若 0.25＜Zij－Zik≤0.50,Zij 比 Zik 稍微重要,Saaty 标度取 3;

c)若 $0.75 < Zij - Zik \leqslant 1.00$，$Zij$ 比 Zik 相当重要，Saaty 标度取 5；

d)若 $1.25 < Zij - Zik \leqslant 1.50$，$Zij$ 比 Zik 极其重要，Saaty 标度取 7；

e)若 $1.75 < Zij - Zik$，Zij 比 Zik 极端重要，Saaty 标度取 9；

f)如差值在两个尺度之间，则 Saaty 标度为 2、4、6、8；

g)如果 $Zik - Zij$ 的值在以上分布，则 Saaty 标度为以上标度的倒数。

按照以上规则构造出判断矩阵 **A** 如表 14-3 所示。

表 14-3　Saaty 标度判断矩阵

指标名	**A**	**B**	**C**	**D**	**E**
A	X_{11}	X_{12}	X_{13}	X_{14}	X_{15}
B	X_{21}	X_{22}	X_{23}	X_{24}	X_{25}
C	X_{31}	X_{32}	X_{33}	X_{34}	X_{35}
D	X_{41}	X_{42}	X_{43}	X_{44}	X_{45}
E	X_{51}	X_{52}	X_{53}	X_{54}	X_{55}

2)计算各级指标初始权重系数和归一化权重系数：

按照式(14-3)计算初始权重系数 W_i'。

$$W_i' = \sqrt[m]{X_{i1} \cdot X_{i2} \cdot X_{in}} \tag{14-3}$$

按照式(14-4)计算归一化权重系数 W_i。

$$W_i = \frac{W_i'}{\sum_{i=1}^{m} W_i'} \tag{14-4}$$

14.2　临床应用评价指标体系

　　本章依托省级医疗机构的医疗资源和浙江省医疗器械临床评价技术研究重点实验室平台,针对常规病理设备,采用实验室已有的标准化流程(如图 14-1 所示),组织22 位专家(副高及以上比例为 59.1%,覆盖浙江省内 15 家医疗机构),通过 3 轮专家咨询,达成专家一致意见,利用 Excel、SPSS、AHP 等软件,采用层次分析法计算得到每种病理设备各级指标的归一化单层权重及组合权重(一级指标除外),建立了包埋盒打号机评价指标体系(如表 14-4 所示)、全自动组织脱水机评价指标体系(如表 14-5所示)、石蜡包埋机评价指标体系(如表 14-6 所示)、病理切片机评价指标体系(如表14-7 所示)、载玻片打号机评价指标体系(如表 14-8 所示)、摊烤片机评价指标体系(如表 14-9 所示)、全自动染色机评价指标体系(如表 14-10 所示)、自动盖片机评价指标体系(如表 14-11 所示)、生物显微镜评价指标体系(如表 14-12 所示)、数字切片扫描设备评价指标体系(如表 14-13 所示)。

表 14-4　包埋盒打号机评价指标体系

一级指标名称	一级指标释义	权重	二级指标名称	二级指标释义	归一化权重系数	组合权重
A 安全性	医疗器械的安全性包括三个方面：①对患者（样本）的安全性；②对医务人员和操作者的安全性；③对周围环境的安全性，如电磁辐射、毒物污染等	0.207	A1 漏电流	流经被测设备保护接地电路的电流	0.278	0.057546
			A2 接地阻抗	mΩ，测量分析测试插座的保护接地端子，与连接到被测设备保护接地端的被测导电部分之间的阻抗	0.096	0.019872
			A3 环境友好性	打印过程无烟雾、粉尘、气味（甲醛污染）等有害物质产生，对环境无污染，对操作人员身体无影响；对于激光打号机，打印过程中不会产生光污染，不会造成操作人员眼睛损伤等	0.466	0.096462
			A4 噪声	设备运行时产生的噪声，操作人员在嘈鸣声存在的环境中容易影响其神经系统，使其急躁、易怒、头疼，听力下降、影响睡眠，造成疲倦	0.16	0.033120
B 设备技术性能	设备的技术规格、精度等级、结构特性、运行参数	0.368	B1 平均打印速度	平均打印包埋盒速度（打印 1 个二维码＋10 个字符，单位：个/分）	0.058	0.021344
			B2 打印清晰度	使用标准耗材，打印字体或图像与包埋盒图案的清晰程度	0.282	0.103776
			B3 对比度	设备打印图案与包埋盒底色的灰度反差	0.117	0.043056
			B4 二维码识别速度	扫码设备识别设备打印的二维码的速度	0.082	0.030176
			B5 二维码识别率	扫码设备识别设备打印的二维码的识别失败率（单位：个）	0.082	0.030176
			B6 图形耐磨度	包埋盒在浸泡（甲醛、无水乙醇、二甲苯、1%的盐酸等化学试剂）或者硬物刮擦的过程中，包埋盒上的字体或体或图像抵抗磨损的特性	0.219	0.080592
			B7 卡顿发生率	打印过程中发生故障或停顿的概率	0.160	0.058880

续表

一级指标名称	一级指标释义	权重	二级指标名称	二级指标释义	归一化权重系数	组合权重
C 适用性	适用性评价重点包括医疗设备技术特点,功能特点,设备使用适用于临床使用习惯或者操作规范	0.109	C1 兼容功能	可兼容不同的包埋盒(带盖或不带盖)	0.528	0.057552
			C2 设备尺寸	反映机器或部件的大小	0.332	0.036188
			C3 通道数量	打印机支持的通道数量,可以装载不同颜色包埋盒,用于标记特殊要求组织。减少装载包埋盒时间影响工作效率	0.140	0.051520
D 易用性	医疗器械产品使用起来是否顺手好用,高效且令人满意	0.109	D1 装填及收集便利性	包埋盒装填及收集方面的便利性	0.180	0.019620
			D2 包埋盒卡顿恢复便利性	包埋盒发生卡顿后恢复的便利性	0.286	0.031174
			D3 耗材更换简易度	色带,墨水,打印头,激光头等耗材更换方式直观且简单方便的程度	0.180	0.019620
			D4 界面设计合理性	设备界面设计合理,符合使用需求	0.060	0.006540
			D5 操作流程合理性	设备使用操作流程合理,直接容易上手	0.180	0.019620
			D6 设备易学性	设备操作简单,直接,容易上手	0.114	0.012426
E 可靠性	在临床应用环境下的医疗器械可靠性,是设备,医护人员,患者,应用环境综合作用的结果,应用可靠性有关的指标包括:平均故障率,使用寿命,平均无故障间隔时间,平均故障工作时间等,主要通过医疗器械故障维修数据等途径未径收集	0.207	E1 平均首次故障前工作时间	设备首次故障前工作时间的平均值(计算公式:首次发生故障前工作时间的总和/样本总量,单位:小时)	0.157	0.032499
			E2 平均故障间隔时间	设备的平均故障间隔时间(计算公式:多个样本设备正常工作时间总和/多个样本设备发生故障的总次数,单位:小时)	0.249	0.051543
			E3 故障率	指工作到某一时刻尚未故障的设备,在该时刻后,单位时间内发生故障的概率(计算公式:1/平均故障间隔时间)	0.594	0.122958

表14-5 全自动组织脱水机评价指标体系

一级指标名称	一级指标释义	权重	二级指标名称	二级指标释义	归一化权重系数	组合权重
A 安全性	医疗器械的安全性包括三个方面:①对患者(样本)的安全性;②对医务人员和操作者的安全性;③对周围环境的安全性,如电磁辐射、毒物污染等	0.186	A1 漏电流	流经被测设备保护接地电路的电流	0.111	0.020646
			A2 接地阻抗	$m\Omega$,测量分析仪测试插座的保护接地端子,与连接到被测设备保护接地端子的被测设备外露的导电部分之间的阻抗	0.079	0.014694
			A3 样本安全	机器发生故障时,样本不会干涸	0.333	0.061938
			A4 断电保护功能	断电后再次通电能恢复程序继续运行,避免样本质量不佳和增加操作人员工作量	0.248	0.046128
			A5 自动识别试剂类型	可自动甄别试剂类型,避免试剂不匹配导致样本损坏	0.150	0.027900
			A6 废气处理功能	过滤或者排放危险废气的功能,要在开盖时有自动抽气功能,在机器后面加排气管,直接连排风口,在操作的时候能够及时保护操作人员能够及时保护	0.079	0.014694
B 设备技术性能	设备的技术规格、精度、等级、结构特性、运行参数	0.244	B1 温度准确性和升温效率	组织处理槽能快速升温,处理槽实际温度应该为处理程序设定温度	0.262	0.063928
			B2 时间控制准确性	双缸设备对于时间控制的准确程度(如设置了浸泡时间30分钟,但实际当中时间有偏差)	0.155	0.037820
			B3 压力控制	加压和真空控制	0.078	0.019032
			B4 试剂搅拌功能	试剂搅拌混匀的功能	0.109	0.026596
			B5 组织脱水效率及效果	包括脱水过程中的带液量,残液量对试剂浓度的影响,以及搅拌对脱水效果的影响	0.396	0.096624

续表

一级指标名称	一级指标释义	权重	二级指标名称	二级指标释义	归一化权重系数	组合权重
C 适用性	适用性评价重点包括医疗设备技术特点,功能特点,设备使用适用于临床使用习惯或者操作规范	0.123	C1 样本通量	设备单次最大可脱水样本通量	0.070	0.008610
			C2 处理样本可追踪功能	可以追踪处理样本的功能(样本处理过程的质控:什么时候启动和结束,处理人员是谁等)	0.193	0.023739
			C3 试剂追踪功能	可以追踪试剂的功能(如什么时候更换,有没有及时更换,是哪个厂家生产,哪个批次等)	0.255	0.031365
			C4 处理槽液位监测功能	针对处理样本量的液位控制功能	0.336	0.041328
			C5 信息通知	通过短信/邮件等方式,实时推送设备故障及其他所需信息	0.053	0.006519
			C6 远程监控	通过远程操作设备,监测设备运行状态	0.093	0.011439
D 易用性	医疗器械产品使用起来是否顺手好用、高效且令人满意	0.123	D1 原液更换便捷性	脱水原液更换方式的便捷性	0.283	0.034809
			D2 清洁维护设计合理性	设备清洁维护设计的合理性	0.188	0.023124
			D3 界面设计合理性	设备界面设计合理,符合使用需求	0.123	0.015129
			D4 操作流程合理性	设备使用操作流程合理,符合使用逻辑	0.283	0.034809
			D5 设备易学性	设备操作简单,直接,容易上手	0.123	0.015129

一级指标名称	一级指标释义	权重	二级指标名称	二级指标释义	归一化权重系数	组合权重
E 可靠性	在临床应用环境下的医疗器械可靠性，是设备、医护人员，患者，应用环境综合合作用的结果，可靠性有关的指标包括：故障率、使用寿命、平均无故障工作时间等，主要通过医疗器械故障维修数据等途径采集	0.324	E1 平均首次故障前工作时间	设备首次故障前工作时间的平均值（计算公式：首次发生故障前工作时间的总和/样本总量，单位：小时）	0.164	0.053136
			E2 平均故障间隔时间	设备的平均故障间隔时间（计算公式：多个样本设备正常工作时间总和/多个样本设备发生故障的总次数，单位：小时）	0.297	0.096228
			E3 故障率	工作到某一时刻尚未故障的设备，在该时刻后，单位时间内发生故障的概率（计算公式：1/平均故障间隔时间）	0.539	0.174636

表 14-6 石蜡包埋机评价指标体系

一级指标名称	一级指标释义	权重	二级指标名称	二级指标释义	归一化权重系数	组合权重
A 安全性	医疗器械的安全性包括三个方面：①对患者（样本）的安全性；②对医务人员和操作者的安全性；③对周围环境的安全性，如电磁辐射、毒物污染等	0.188	A1 漏电流	流经被测设备保护接地电路的电流	0.311	0.058468
			A2 接地阻抗	mΩ，测量分析仪测试插座的保护接地端子，与连接到被测设备的保护接地端的裸露外露的导电部分之间的阻抗	0.196	0.036848
			A3 石蜡渗漏	设备工作过程中存在石蜡渗漏现象，造成设备损坏（比如酒精渗透更强，还会凝固）	0.493	0.092684
B 设备技术性能	设备的技术规格、精度等级、结构特性、运行参数	0.328	B1 温度控制精确度	石蜡熔融温度、冷冻台冷冻温度等实际温度应该为系统设置温度	0.490	0.160720
			B2 小冷台温度稳定性	小冷台温度保持稳定的性能	0.163	0.053464
			B3 冷台温度稳定性	蜡块冷台温度保持稳定的性能	0.116	0.038048
			B4 融蜡缸容量	融蜡缸的容量	0.231	0.075768
C 适用性	适用性评价重点包括医疗设备技术特点、功能特点，设备使用习惯或者适用于临床使用操作规范	0.188	C1 组织槽对脱水篮兼容性	组织槽可以兼容的脱水篮的数量	0.234	0.043992
			C2 小冷台可控性	操作台的小冷台（冷却区）可控（半导体开关可控），对于包埋小样本比较方便	0.042	0.007896
			C3 石蜡流速调节	石蜡流速调节灵活方便：0~200mL/分可置，抑或是定制的 0~380mL/分	0.056	0.010528
			C4 石蜡杂质过滤系统	不影响流速的情况下，可过滤比较细小的石蜡杂质	0.169	0.031772

续表

一级指标名称	一级指标释义	权重	二级指标名称	二级指标释义	归一化权重系数	组合权重
C 适用性	适用性评价重点包括医疗设备技术特点,功能特点,设备使用适用于临床使用习惯或者操作规范	0.188	C5 脚踏开关功能	有脚踏开关控制包埋机注蜡开关,提高包埋效率	0.023	0.004324
			C6 照明灯功能	有照明灯的功能	0.074	0.013912
			C7 摄像头监控功能	用于质控追溯,如样本有没有被包埋进去等情况监测	0.141	0.026508
			C8 扫描功能	用于质控追溯,如扫描包埋盒上的二维码,开展全流程样本追踪	0.044	0.008272
			C9 自动开关机功能	有设定开关机时间的功能	0.120	0.02256
			C10 温度失控报警功能	温度失控时有声音提醒(比如嘀嘀声),避免操作人员烫伤	0.097	0.018236
D 易用性	医疗器械产品使用起来是否顺手好用、高效且令人满意	0.188	D1 废蜡清洁便捷性	废蜡清洁维护的简单方便性	0.155	0.02914
			D2 设备清洁维护便捷性	设备清洁维护的简单方便性	0.155	0.02914
			D3 人体工程学操作台	操作台符合人体工程学,如操作台有靠手的地方,用于防蜡黏附;防台面温度过高烫伤操作员躯体	0.297	0.055836
			D4 界面设计合理性	设备界面设计合理,符合使用需求	0.083	0.015604
			D5 操作流程合理性	设备使用操作流程合理,符合使用逻辑	0.155	0.02914
			D6 设备易学性	设备操作简单、直接,容易上手	0.155	0.02914

续表

一级指标名称	一级指标释义	权重	二级指标名称	二级指标释义	归一化权重系数	组合权重
E 可靠性	在临床应用环境下的医疗器械可靠性。是设备、医护人员、患者、应用环境综合作用的结果。可靠性有关的指标包括：故障率、使用寿命、平均无故障工作时间、平均故障间隔时间等。主要通过医疗器械故障维修数据等途径来收集	0.108	E1 平均首次故障前工作时间	设备首次故障前工作时间的平均值（计算公式：首次发生故障前工作时间的总和/样本总量，单位：小时）	0.157	0.016956
			E2 平均故障间隔时间	设备的平均故障间隔时间（计算公式：多个样本设备正常工作时间总和/多个样本设备发生故障的总次数，单位：小时）	0.249	0.026892
			E3 故障率	指工作到某一时刻尚未故障的设备，在该时刻后，单位时间内发生故障的概率（计算公式：1/平均故障间隔时间）	0.594	0.064152

表 14-7 病理切片机评价指标体系

一级指标名称	一级指标释义	权重	二级指标名称	二级指标释义	归一化权重系数	组合权重
A 安全性	医疗器械的安全性包括三个方面：①对患者（样本）的安全性；②对医务人员和操作者的安全性；③对周围环境的安全性，如电磁辐射、毒物污染等	0.311	A1 漏电流	流经被测设备保护接地电路的电流	0.249	0.030627
			A2 接地阻抗	mΩ，测量分析仪测试插座的保护接地端子，与连接到被测设备保护接地端的被测设备外露导电部分之间的阻抗	0.157	0.019311
			A3 防割伤保护系统	刀片边上有防割伤保护，转轮有锁定功能	0.594	0.073062
B 设备技术性能	设备的技术规格、精度等级、结构特性、运行参数	0.323	B1 切片精度	石蜡切片厚度的精度	0.429	0.138567
			B2 切片厚薄均匀度	切片时厚薄均匀、出片顺畅，不跳片	0.429	0.138567
			B3 样本回缩功能	自动回缩，避免样品回升过程中碰到刀片	0.142	0.045866
C 适用性	适用性评价重点包括医疗设备技术特点、功能特点，设备使用适用于临床使用习惯或者操作规范	0.186	C1 切片手轮转动阻力	切片时转轮的轻重程度和协调性，转轮阻力小、轻快	0.317	0.058962
			C2 手轮转动均匀度	切片时转轮的阻力均匀性	0.453	0.084258
			C3 兼容多功能附件	比如移动控制盒：比如 5 V 输出，可以接加湿器等	0.069	0.012834
			C4 粗修轮进给方向可切换	粗修轮（左边的小转轮）进给方向可切换	0.122	0.022692
			C5 机顶储物篮	机顶托盘，可收纳刀片、蜡块、毛刷、镊子等	0.039	0.007254

续表

一级指标名称	一级指标释义	权重	二级指标名称	二级指标释义	归一化权重系数	组合权重
D 易用性	医疗器械产品使用起来是否顺手好用、高效且令人满意	0.123	D1 刀片更换简易性	刀片更换安全简单便利性	0.267	0.032841
			D2 清洁维护设计合理性	设备清洁维护的设计合理、简单便利性	0.091	0.011193
			D3 样本夹更换便捷性	样本夹更换直观、快速、简单方便程度	0.267	0.032841
			D4 界面设计合理性	设备界面设计合理、符合使用需求	0.067	0.008241
			D5 操作流程合理性	设备使用操作流程合理、符合使用逻辑	0.177	0.021771
			D6 设备易学性	设备操作简单、直接、容易上手	0.131	0.016113
E 可靠性	在临床应用环境下的医疗器械可靠性，是设备、医护人员、患者、应用环境综合作用的结果。可靠性有关的指标包括：故障率、使用寿命、平均无故障间隔时间等。主要通过医疗器械故障维修数据等途径来收集	0.245	E1 平均首次故障前工作时间	设备首次故障前工作时间的平均值（计算公式：首次发生故障前工作时间的总和/样本总量，单位：小时）	0.200	0.049000
			E2 平均故障间隔时间	设备的平均故障间隔时间（计算公式：多个样本设备正常工作时间的总和/多个样本设备发生故障的总次数，单位：小时）	0.200	0.049000
			E3 故障率	指工作到某一时刻尚未故障的设备，在该时刻后，单位时间内发生故障的概率（计算公式：1/平均故障间隔时间）	0.600	0.147000

表 14-8 载玻片打号机评价指标体系

一级指标名称	一级指标释义	权重	二级指标名称	二级指标释义	归一化权重系数	组合权重
A 安全性	医疗器械的安全性包括三个方面：①对患者（样本）的安全性；②对医务人员和操作者的安全性；③对周围环境的安全性，如电磁辐射、毒物污染等	0.298	A1 漏电流	流经被测设备保护接地电路的电流	0.195	0.058110
			A2 接地阻抗	mΩ，测量分析仪测试插座的保护接地端子，与连接到被测设备保护接地端的被测设备外露的导电部分之间的阻抗	0.117	0.034866
			A3 环境友好性	打印过程无烟雾、粉尘、气味（甲醛污染）等有害物质产生，对环境无污染，对操作人员身体无影响；对于激光打号机，打印过程中不会产生光污染，不会造成操作人员眼睛损伤等	0.493	0.146914
			A4 噪声	设备运行时产生的噪声，操作人员在较高声音存在的环境中容易影响其神经系统，使其急躁、易怒、头疼、听力下降、影响睡眠、造成疲倦	0.195	0.058110
B 设备技术性能	设备的技术规格、精度等级、结构特性、运行参数	0.298	B1 平均打印速度	平均打印载玻片速度（打印 1 个二维码＋10 个字符，单位：个/分）	0.051	0.015198
			B2 二维码识别速度	扫码设备识别设备打印的二维码的速度	0.205	0.061090
			B3 二维码识别率	扫码设备识别设备打印的二维码的识别失败率	0.101	0.030098
			B4 打印清晰度	使用标准耗材，打印字体或图像的清晰程度	0.070	0.020860
			B5 对比度	设备打印图案与载玻片底色的灰度差	0.130	0.038740
			B6 图形耐磨度	载玻片通过浸泡（甲醛、无水乙醇、二甲苯、1%的盐酸等化学试剂）或者硬物刮擦的过程中，载玻片上的字体或图像抵抗磨损的特性	0.168	0.050064
			B7 卡顿发生率	打印过程中发生故障或停顿的概率	0.275	0.081950

续表

一级指标名称	一级指标释义	权重	二级指标名称	二级指标释义	归一化权重系数	组合权重
C 适用性	适用性评价重点包括医疗设备技术特点、功能特点、设备使用适用于临床使用习惯或者操作规范	0.088	C1 兼容功能	可兼容的载玻片类型和尺寸(不同长宽:26mm×76mm、25.4mm×76.2mm、25mm×75mm,不同厚度:1.0mm、1.2mm、1.3mm)	0.388	0.034144
			C2 设备尺寸	反映机器或部件的大小	0.231	0.020328
			C3 触摸操作屏	通过触摸操作屏进行设置、操作或修改	0.231	0.020328
			C4 附带扫描功能	内置扫描枪	0.091	0.008008
			C5 装载数量和通道	打印机单次可以装填载玻片的数量,减少玻片更换对打印速度的影响,多通道可以装载不同种类玻片,满足用户快速切换	0.059	0.005192
D 易用性	医疗器械产品使用起来是否顺手好用、高效且令人满意	0.158	D1 装填及收集便利性	载玻片装填及收集方面的便利性	0.098	0.015484
			D2 载玻片卡顿恢复便利性	载玻片发生卡顿后恢复的便利性	0.289	0.045662
			D3 载玻片碎片清理便利性	清理载玻片碎片方式的便利程度	0.180	0.028440
			D4 耗材更换简易度	色带、墨水、打印头、激光头等耗材更换方式直观且简单方便程度	0.180	0.028440
			D5 界面设计合理性	设备界面设计合理,符合使用需求	0.057	0.009006
			D6 操作流程合理性	设备使用操作流程合理,符合使用逻辑	0.098	0.015484
			D7 设备易学性	设备操作简单、直接,容易上手	0.098	0.015484

续表

一级指标名称	一级指标释义	权重	二级指标名称	二级指标释义	归一化权重系数	组合权重
E 可靠性	在临床应用环境下的医疗器械可靠性，是设备、医护人员，患者，应用环境综合合作用的结果，可靠性有关的指标包括：故障率、使用寿命、平均故障间隔时间、平均无故障工作时间等，主要通过医疗器械故障维修数据等途径来收集	0.158	E1 平均首次故障前工作时间	设备首次故障前工作时间的平均值（计算公式：首次发生故障前工作时间的总和/样本总量，单位：小时）	0.157	0.024806
			E2 平均故障间隔时间	设备的平均故障间隔时间（计算公式：多个样本设备正常工作时间总和/多个样本设备发生故障的总次数，单位：小时）	0.249	0.039342
			E3 故障率	指工作到到某一时刻尚未故障的设备，在该时刻后，单位时间内发生故障的概率（计算公式：1/平均故障间隔时间）	0.594	0.093852

表 14-9　摊烤片机评价指标体系

一级指标名称	一级指标释义	权重	二级指标名称	二级指标释义	归一化权重系数	组合权重
A 安全性	医疗器械的安全性包括三个方面:①对患者(样本)的安全性;②对医务人员和操作者的安全性;③对周围环境的安全性,如电磁辐射、毒物污染等	0.325	A1 漏电流	流经被测设备保护接地电路的电流	0.167	0.054275
			A2 接地阻抗	mΩ,测量分析测试插座的保护接地端子,与连接到同的保护接地端的被测设备外露导电部分之间的阻抗	0.119	0.038675
			A3 防漏水	有防渗水功能,可避免设备故障(如设备电路进水而导致短路烧坏情况)	0.453	0.147225
			A4 防烫伤	温度失控时避免操作人员烫伤的功能	0.261	0.084825
B 设备技术性能	设备的技术规格、精度等级、结构特性、运行参数	0.215	B1 温度控制精确度	烘片温度的实际温度应该为系统设置温度	0.667	0.143405
			B2 烤片区温度均匀性	升温稳定后烤片区各位置温度是否相同	0.333	0.071595
C 适用性	适用性评价重点包括医疗设备技术特点、功能特点,设备使用适用于临床使用习惯或者操作规范	0.123	C1 定时断电功能	设备具有定时断电功能	0.137	0.016851
			C2 安全防护功能	设备具有安全防护功能,如温度过高时自行断电等	0.318	0.039114
			C3 沥水功能	设备具有沥水功能模块(沥水斜坡、瓦楞槽)	0.046	0.005658
			C4 自动开关机功能	有设定开关机时间的功能	0.111	0.013653
			C5 封蜡功能	摊烤片机设立独立的封蜡槽,特别适宜单人操作	0.046	0.005658
			C6 照明功能	有设置照明功能,照明亮度可调节,色温接近自然光	0.231	0.028413
			C7 多水浴锅	设置有多水浴锅,不同锅可设置不同温度	0.046	0.005658
			C8 杂质过滤功能	可通过滤网之类的工具快速将水浴锅里的石蜡碎屑清理掉	0.065	0.007995

续表

一级指标名称	一级指标释义	权重	二级指标名称	二级指标释义	归一化权重系数	组合权重
D 易用性	医疗器械产品使用起来是否顺手好用、高效且令人满意		D1 温度设置便捷性	设备温度设置直观且简单方便，并有记忆功能	0.250	0.030750
			D2 清洁维护设计合理性	设备清洁维护的设计合理且简单方便	0.125	0.015375
			D3 界面设计合理性	设备界面设计合理，符合使用需求	0.125	0.015375
			D4 操作流程合理性	设备使用操作流程合理，符合使用逻辑	0.250	0.030750
		0.123	D5 设备易学性	设备操作简单、直接、容易上手	0.250	0.030750
E 可靠性	在临床应用环境下的医疗器械可靠性，是设备、医护人员、患者、应用环境综合合作用的结果，可靠性有关的指标包括：故障率、使用寿命、平均故障间隔时间、平均无故障工作时间等，主要通过医疗器械故障维修数据等途径来收集	0.214	E1 平均首次故障前工作时间	设备首次故障前工作时间的平均值（计算公式：首次发生故障前工作时间的总和/样本总量，单位：小时）	0.164	0.035096
			E2 平均故障间隔时间	设备的平均故障间隔时间（计算公式：多个样本设备正常工作时间总和/多个样本设备发生故障的总次数，单位：小时）	0.297	0.063558
			E3 故障率	指工作到某一时刻尚未故障的设备，在该时刻后、单位时间内发生故障的概率（计算公式：1/平均故障间隔时间）	0.539	0.115346

表 14-10　全自动染色机评价指标体系

一级指标名称	一级指标释义	权重	二级指标名称	二级指标释义	归一化权重系数	组合权重
A 安全性	医疗器械的安全性包括三个方面：①对患者（样本）的安全性；②对医务人员和操作者的安全性；③对周围环境的安全性，如电磁辐射、毒物污染等	0.283	A1 漏电流	流经被测设备保护接地电路的电流	0.245	0.069335
			A2 接地阻抗	mΩ，测量分析仪测试插座的保护接地端子，与连接到被测设备外露的被测设备外露的导电部分之间的阻抗	0.130	0.036790
			A3 废气处理功能	过滤或者排放危险废气的功能，要在开盖时有自动抽气功能；在机器后面加排气管，直接连接风口，在技师操作的时候能够及时保护	0.186	0.052638
			A4 噪声	工作过程中产生的噪声	0.067	0.018961
			A5 断电保护功能	断电后再次通电能恢复程序继续运行，避免样本损坏、避免造成染色质量不佳和增加操作人员工作量	0.372	0.105276
B 设备技术性能	设备的技术规格、精度等级、结构特性、运行参数	0.283	B1 单次载玻片加载量	单次能处理的载玻片的数量，体现了设备工作效率	0.105	0.029715
			B2 同时可运行染色程序	可同时运行的流程数并不冲突、无延时	0.285	0.080655
			B3 精确控制缸时间精度	染色时间的控制精度	0.446	0.126218
			B4 机臂定位不准确率	机械臂到达指定位置的不准确率（按次数算或者按架数算）	0.164	0.046412

续表

一级指标名称	一级指标释义	权重	二级指标名称	二级指标释义	归一化权重系数	组合权重
C 适用性	适用性评价重点包括医疗设备技术特点、功能特点，设备使用适用于临床使用习惯或者操作规范	0.123	C1 系统提示功能	实时显示标本数量、试剂数量和种类、试剂使用次数、试剂更换、程序结束提醒等提示，并且在系统故障时通过设备（有语音提示）或者推送给管理者手机进行提醒	0.366	0.045018
			C2 试剂缸数量	设备可设有一定数量的试剂缸，以满足临床业务需求	0.25	0.03075
			C3 开始缸数量	设备可设有一定数量的开始缸，以满足临床业务需求	0.104	0.012792
			C4 烤片缸数量	设备可设有一定数量的烤片缸，以满足临床业务需求	0.046	0.005658
			C5 水洗缸数量	设备可设有一定数量的水洗缸，以满足临床业务需求	0.165	0.020295
			C6 试剂缸恒温功能	试剂缸温度能比较准确地维持在设备设定的温度值	0.069	0.008487
D 易用性	医疗器械产品使用起来是否顺手好用、高效且令人满意	0.123	D1 样本收放便捷性	样本放入及收回方式安全且简单方便	0.188	0.023124
			D2 清洁维护设计合理性	设备清洁维护的设计合理且简单方便	0.088	0.010824
			D3 试剂更换便捷性	试剂更换是否安全且简单方便	0.188	0.023124
			D4 界面设计合理性	设备界面设计合理，符合使用需求	0.088	0.010824
			D5 操作流程合理性	设备使用操作流程合理，符合使用逻辑	0.324	0.039852
			D6 设备易学性	设备操作简单、直接，容易上手	0.124	0.015252

续表

一级指标名称	一级指标释义	权重	二级指标名称	二级指标释义	归一化权重系数	组合权重
E 可靠性	在临床应用环境下的医疗器械可靠性,是设备、医护人员、患者、应用环境综合作用的结果,可靠性有关的指标包括:故障率、平均寿命、平均无故障工作时间、平均故障间隔时间等,主要通过医疗器械故障维修数据等途径来收集	0.188	E1 平均首次故障前工作时间	设备首次故障前工作时间的平均值(计算公式:首次发生故障前工作时间的总和/样本总量,单位:小时)	0.196	0.036848
			E2 平均故障间隔时间	设备的平均故障间隔时间(计算公式:多个样本设备正常工作时间总和/多个样本设备发生故障的总次数,单位:小时)	0.311	0.058468
			E3 故障率	工作到某一时刻尚未故障的设备,在该时刻后,单位时间内发生故障的概率(计算公式:1/平均故障间隔时间)	0.493	0.092684

表 14-11 自动盖片机评价指标体系

一级指标名称	一级指标释义	权重	二级指标名称	二级指标释义	归一化权重系数	组合权重
A 安全性	医疗器械的安全性包括三个方面：①对患者（样本）的安全性；②对医务人员和操作者的安全性；③对周围环境的安全性，如电磁辐射，毒物污染等	0.123	A1 漏电电流	流经被测设备保护电路的电流	0.249	0.030627
			A2 接地阻抗	mΩ，测量分析仪测试插座的保护接地端子，与连接到被测设备外露电部分之间的导电部分的阻抗	0.157	0.019311
			A3 环境友好性	对环境无污染，对操作人员身体无影响，可排放废气	0.594	0.073062
B 设备技术性能	设备的技术规格、精度等级、结构特性、运行参数	0.324	B1 封片速度	输出一片所花的时间（每小时能处理的载玻片数量，大部分 1 小时 400 片）	0.118	0.038232
			B2 输出站存储容量	能存储已封片的染色架数	0.062	0.020088
			B3 碎片率	盖玻片或载玻片的碎片率（与机器有关系，但与盖玻片的质量关系更大）	0.318	0.103032
			B4 气泡发生率	产生气泡的概率（按盖玻片片数计算，关系最大的是封片胶的品牌型号，与盖玻片的动作是否轻柔也有关系）	0.183	0.059292
			B5 机械臂走位错误发生率	机械臂到达指定位置的不准确率（按次数计算）	0.319	0.103356

续表

一级指标名称	权重	一级指标释义	二级指标名称	二级指标释义	归一化权重系数	组合权重
C 适用性	0.186	适用性评价重点包括技术特点、功能特点,设备使用适用于临床使用习惯或者操作规范	C1 兼容功能	兼容载玻片和盖片的类型(不同的品牌、型号、尺寸)	0.266	0.049476
			C2 晾片或烘片功能	风干功能	0.063	0.011718
			C3 与染色机联机功能	与染色机联机之后组成工作站	0.157	0.029202
			C4 碎片检测处理功能	可以检测出碎片并可以自动移走碎片的功能(有专门设置收纳碎片的空间),不影响设备继续运行	0.266	0.049476
			C5 运行错误报警功能	运行发生错误时,暂停运行并发出报警的功能(声音或者灯光提示)	0.157	0.029202
			C6 快捷键功能	根据不同封片组织类型,可设置预设功能(胶量、压力、时间都预设好)	0.091	0.016926
D 易用性	0.122	医疗器械产品使用起来是否顺手好用、高效且令人满意	D1 碎片清洁便捷性	碎片清理方式简单方便	0.162	0.019764
			D2 输入架填装方式合理性	样本玻片放入输入架方式简单、方便、合理	0.162	0.019764
			D3 输出架取出方式合理性	封片样本取出输出站方式设置合理、操作简单方便	0.109	0.013298
			D4 耗材更换便捷性	设备耗材更换直观方便(有封片胶、盖玻片)	0.082	0.010004
			D5 界面设计合理性	设备界面设计合理、符合使用需求	0.082	0.010004
			D6 操作流程合理性	设备使用操作流程合理、符合使用逻辑	0.241	0.029402
			D7 设备易学性	设备操作简单、直接、容易上手	0.162	0.019764

续表

一级指标名称	一级指标释义	权重	二级指标名称	二级指标释义	归一化权重系数	组合权重
E 可靠性	在临床应用环境下的医疗器械可靠性，是设备、医护人员、患者、应用环境综合作用的结果，可靠性有关的指标包括：故障率、使用寿命、平均故障间隔时间、平均无故障工作时间等，主要通过医疗器械故障维修数据等途径未收集	0.245	E1 平均首次故障前工作时间	设备首次故障前工作时间的平均值（计算公式：首次发生故障前工作时间的总和/样本总量，单位：小时）	0.157	0.038465
			E2 平均故障间隔时间	设备的平均故障间隔时间（计算公式：多个样本设备正常工作时间总和/多个样本设备发生故障的总次数，单位：小时）	0.249	0.061005
			E3 故障率	工作到某一时刻尚未故障的设备，在该时刻后，单位时间内发生故障的概率（计算公式：1/平均故障间隔时间）	0.594	0.145530

表 14-12　生物显微镜评价指标体系

一级指标名称	一级指标释义	权重	二级指标名称	二级指标释义	归一化权重系数	组合权重
A 安全性	医疗器械的安全性包括三个方面：①对患者（样本）的安全性；②对医务人员和操作者的安全性；③对周围环境的安全性，如电磁辐射、毒物污染等	0.2855	A1 漏电流	流经被测设备保护接地电路的电流	0.750	0.214125
			A2 接地阻抗	mΩ，测量分析测试插座的保护接地端子，与连接到被测设备保护接地端的被测设备外露的导电部分之间的阻抗	0.250	0.071375
B 设备技术性能	设备的技术规格、精度等级、结构特性，运行参数	0.2855	B1 齐焦准确性	物镜切换之后焦平面依旧清晰（比如 10 倍物镜切换到 20 倍物镜后聚焦依旧清晰）	0.239	0.0682345
			B2 载物台移动精准性	载物台移动时的距离精确性	0.132	0.037686
			B3 物镜分辨率	物镜类型［同等级别 可 参 考 数 值 孔 径（numerical aperture，NA）］	0.301	0.0859355
			B4 成像视野	目镜视场范围	0.081	0.0231255
			B5 微动稳定性	微动时的稳定性	0.166	0.047393
			B6 物镜切换卡位精准性	不同物镜间中心偏移（以 10× 为基准）	0.081	0.0231255
C 适用性	适用性评价重点包括医疗设备技术特点、功能特点，设备使用适用于临床使用习惯或者操作规范	0.143	C1 聚光器兼容性	兼容物镜的放大倍率	0.333	0.047619
			C2 镜头防霉性	目镜和物镜具有防霉功能	0.667	0.095381

续表

一级指标名称	一级指标释义	权重	二级指标名称	二级指标释义	归一化权重系数	组合权重
D 易用性	医疗器械产品使用起来是否顺手好用、高效且令人满意	0.143	D1 载物台移动控制便捷性	载物台移动/整制简单方便性	0.400	0.057200
			D2 调焦定位手感	调焦定位时的手感	0.200	0.028600
			D3 显微镜设计合理性	显微镜设计合理,符合使用需求	0.200	0.028600
			D4 设备易学性	设备操作简单、直接、容易上手	0.200	0.028600
E 可靠性	在临床应用环境下的医疗器械可靠性,是设备、医护人员、患者、应用环境综合作用的结果,可靠性有关的指标包括:故障率、使用寿命、平均故障间隔时间、平均无故障工作时间等。主要通过医疗器械故障维修等数据途径收集	0.143	E1 平均首次故障前工作时间	设备首次故障前工作时间的平均值(计算公式:首次发生故障前工作时间的总和/样本总量,单位:小时)	0.157	0.022451
			E2 平均故障间隔时间	设备的平均故障间隔时间(计算公式:多个样本设备正常工作时间的总和/多个样本设备发生故障的总次数,单位:小时)	0.249	0.035607
			E3 故障率	指工作到某一时刻尚未故障的设备,在该时刻后、单位时间内发生故障的概率(计算公式:1/平均故障间隔时间)	0.594	0.084942

表 14-13　数字切片扫描设备评价指标体系

一级指标名称	一级指标释义	权重	二级指标名称	二级指标释义	归一化权重系数	组合权重
A 安全性	医疗器械的安全性包括三个方面:①对患者(样本)的安全性;②医务人员和操作者的安全性;③对周围环境的安全性,如电磁辐射,毒物污染等	0.223	A1 漏电流	流经被测设备保护接地电路的电流	0.667	0.148741
			A2 接地阻抗	mΩ,测量分析仪测试插座的保护接地端子,与连接到被测设备保护接地端的被测设备外露导电部分之间的导电阻抗	0.333	0.074259
B 设备技术性能	设备的技术规格,精度等级,结构特性,运行参数	0.338	B1 载玻片容量	可以扫描的最大载玻片容量	0.071	0.023998
			B2 扫描速度	15mm×15mm 的切片,20 倍物镜每片载玻片的扫描速度	0.260	0.08788
			B3 放大倍率	扫描时能支持的最大放大倍率(看物镜的放大倍数)	0.108	0.036504
			B4 扫描分辨率	在 20 倍物镜的情况下,扫描输出的分辨率	0.394	0.133172
			B5 卡片率	工作过程中发生故障或暂停顿的概率(按片数)	0.167	0.056446
C 适用性	适用性评价重点包括医疗设备技术特点,功能特点,设备使用适用于临床使用习惯或者操作规范	0.08	C1 扫描区域无缝拼接功能	扫描后输出的图像拼接后看不出明显的缝隙	0.196	0.015680
			C2 多层扫描功能	可以支持多层扫描的功能	0.070	0.005600
			C3 图像检查/评估功能	检查切片扫描图像质量的功能	0.050	0.004000
			C4 直接导出原图功能	可直接导出原图,导出格式为 JPG,PNG,TIFF 等	0.257	0.020560
			C5 卡片后自动恢复功能	卡片后将当前片子提出,继续扫描下一个片子	0.070	0.005600

续表

一级指标名称	一级指标释义	权重	二级指标名称	二级指标释义	归一化权重系数	组合权重
C 适用性	适用性评价重点包括医疗设备技术特点、功能特点，设备使用者适用于临床使用习惯或者操作规范	0.08	C6 提示功能	程序出错了报警或者工作结束后提示的提示（声音提示或界面提示）	0.104	0.008320
			C7 人工标注功能	对图像可进行人工标注	0.104	0.008320
			C8 系统兼容性	可兼容医院的医院信息系统（hospital information system，HIS）、实验室信息系统（laboratory information system，LIS）等系统	0.149	0.011920
D 易用性	医疗器械产品使用起来是否顺手好用、高效且令人满意	0.223	D1 载玻片卡顿恢复便利性	载玻片发生卡顿时恢复直观且简单方便	0.286	0.063778
			D2 界面设计合理性	设备界面设计合理，符合使用需求	0.142	0.031666
			D3 操作流程合理性	设备使用操作流程合理，符合使用逻辑	0.286	0.063778
			D4 设备易学性	设备操作简单、直接、容易上手	0.286	0.063778
E 可靠性	在临床应用环境下的医疗器械可靠性，是设备、医护人员，患者，应用环境综合作用的结果，可靠性有关的指标包括：故障率、使用寿命、平均故障间隔时间、平均无故障工作时间等；主要通过医疗器械故障维修数据等途径来收集	0.136	E1 平均首次故障前工作时间	设备首次故障前工作时间的平均值（计算公式：首次发生故障前工作时间的总和/样本总量，单位：小时）	0.157	0.021352
			E2 平均故障间隔时间	设备的平均故障间隔时间（计算公式：多个样本设备正常工作时间的总和/多个样本设备发生故障的总次数，单位：小时）	0.249	0.033864
			E3 故障率	指工作到某一时刻尚未故障的设备，在该时刻后，单位时间内发生故障的概率（计算公式：1/平均故障间隔时间）	0.594	0.080784

第15章 常规病理设备临床应用评价方案及案例

15.1 临床应用评价方案

本章内容依托浙江省医疗器械评价技术研究重点实验室平台，经医院临床医学、企业研发、企业质检等多方工程师讨论形成的系列病理设备评价方案初稿，接续通过线上线下会议咨询病理科专家形成了系列病理设备评价方案，包括：基本信息表（如表15-1所示）、包埋盒打号机评价方案（如表15-2所示）、全自动组织脱水机评价方案（如表15-3所示）、石蜡包埋机评价方案（如表15-4所示）、病理切片机评价方案（如表15-5所示）、载玻片打号机评价方案（如表15-6所示）、摊烤片机评价方案（如表15-7所示）、全自动染色机评价方案（如表15-8所示）、自动盖片机评价方案（如表15-9所示）、生物显微镜评价方案（如表15-10所示）、数字病理切片扫描设备评价方案（如表15-11所示）。

表 15-1 基本信息表

单位		姓名	
职称	正高（　）副高（　）中级（　）其他（　）	工作年限	
性别	男（　）女（　）	联系方式	

设备品牌：　　　　　设备规格型号：　　　　　设备使用年限：

检测用设备品牌型号：

表 15-2 包埋盒打号机评价方案

一级指标名称	一级指标释义	二级指标名称	二级指标释义	评分规则（供参考）	数据来源
A 安全性	医疗器械的安全性包括三个方面：①对患者（样本）的安全性；②对医务人员和操作者的安全性；③对周围环境的安全，如电磁辐射、毒物污染等	A1 漏电流	流经被测设备保护接地电路的电流	5 分：符合标准 IEC 61010 0 分：不符合标准 IEC 61010	现场测试
		A2 接地阻抗	mΩ，测量分析仪测试插座的保护接地端子，与连接到被测设备的保护接地端的被测设备外露的导电部分之间的阻抗	5 分：符合标准 IEC 61010 0 分：不符合标准 IEC 61010	现场测试
		A3 环境友好性	打印过程无烟雾、粉尘、气味（甲醛污染）等可能有害物质产生，对环境无污染，对操作人员身体无影响；打印过程中不激光打号机，打印过程中不会产生光污染，不会造成操作人员眼睛损伤等	5 分：打印过程无烟雾、粉尘、气味 3 分：打印过程有轻微烟雾、粉尘、气味 1 分：打印过程有明显看烟雾、粉尘、气味	现场测试
		A4 噪声	设备运行时产生的噪声，操作人员长期工作任要鸣声存在的环境中容易影响其神经系统，使其急躁、易怒、头疼、听力下降、影响睡眠、造成疲倦	5 分：工作过程中声音≤50 分贝（几乎不吵） 3 分：工作过程中声音>50 分贝且≤60 分贝（可接受） 1 分：工作过程中声音>60 分贝（比较吵）	现场测试

续表

一级指标名称	一级指标释义	二级指标名称	二级指标释义	评分规则（供参考）	数据来源
B 设备技术性能	设备的技术规格、精度等级、结构特性、运行参数	B1 平均打印速度	平均打印包埋盒速度（打印1个二维码＋10 个字符，单位：个/分）	激光式的评分规则（参考） 5 分：平均打印包埋盒速度≥20 个/分 3 分：平均打印包埋盒速度≥12 个/分且＜20 个/分 1 分：平均打印包埋盒速度＜12 个/分 色带式的评分规则（参考） 5 分：平均打印包埋盒速度≥10 个/分 3 分：平均打印包埋盒速度≥6 个/分且＜10 个/分 1 分：平均打印包埋盒速度＜6 个/分	现场测试
		B2 打印清晰度	使用标准耗材，打印字体或图像的清晰程度	5 分：颜色对比度高，字体边缘锐利度非常清晰 3 分：颜色对比度中等，字体边缘锐利度清晰 1 分：颜色对比度弱，字体边缘锐利度差	现场测试
		B3 对比度	设备打印图案与包埋盒底色的灰度差	5 分：灰度对比度明显（≥240） 3 分：灰度对比度一般（200～239） 1 分：灰度对比度差（＜200）	现场测试
		B4 二维码识别速度	扫码设备识别设备打印的二维码的速度	5 分：二维码识别速度≤0.5 秒 3 分：二维码识别速度＞0.5 秒且≤1 秒 1 分：二维码识别速度＞1 秒	现场测试
		B5 二维码识别率	扫码设备识别设备打印的二维码的识别失败率（单位：个）	5 分：识别失败率≤1/1000 3 分：识别失败率＞1/1000 且≤5/1000 1 分：识别失败率＞5/1000	专家咨询

一级指标名称	一级指标释义	二级指标名称	二级指标释义	评分规则（供参考）	数据来源
B 设备技术性能	设备的技术规格、精度等级、结构特性、运行参数	B6 图形耐磨度	包埋盒通过浸泡（甲醛，无水乙醇，二甲苯，1%的盐酸等化学试剂）或者硬物刮擦的过程中，包埋盒上的字体或图像抵抗磨损的特性	5分：通过浸泡或刮擦设有有出现字迹丢失，缺损或模糊 3分：通过浸泡或刮擦出现一定的字迹丢失，缺损或模糊 1分：简单浸泡或刮擦会出现字体丢失，缺损或模糊，但不影响使用，影响使用	现场测试
		B7 卡顿发生率	打印过程中发生故障或停顿的概率	5分：打印过程中发生故障的概率<1/10000 3分：打印过程中发生故障的概率>1/10000 且≤2/10000 1分：打印过程中发生故障的概率>2/10000	专家咨询
C 适用性	适用性评价重点包括医疗设备技术特点、功能特点、设备使用适用于临床使用习惯或者操作规范	C1 兼容功能	可兼容不同的包埋盒（带盖或不带盖）	5分：兼容不同的包埋盒≥2 种 3分：兼容不同的包埋盒 1 种	现场测试
		C2 设备尺寸	反映机器或部件的大小	5分：设备尺寸小巧 3分：设备尺寸占地一般 1分：设备尺寸占地比较大	现场测试
		C3 通道数量	打印机支持的通道数量，可以装载不同颜色包埋盒，用于标记特殊要求组织。减少装载包埋盒时间影响工作效率	5分：打印机支持≥6 通道（6 通道满分） 3分：打印机支持 2～5 通道 1分：打印机支持单通道	现场测试

续表

一级指标名称	一级指标释义	二级指标名称	二级指标释义	评分规则（供参考）	数据来源
D 易用性	医疗器械产品使用起来是否顺手好用、高效且令人满意	D1 装填及收集便利性	包埋盒装填及收集方面的便利性	5分：包埋盒装填方式简单直观，装填过程中无问题 3分：包埋盒装填方式简单，装填过程中发生问题频率低 1分：包埋盒装填困难，装填方式复杂，装填过程中频繁发生问题	单位用户评价
		D2 包埋盒卡顿恢复便利性	包埋盒发生卡顿后恢复的便利性	5分：包埋盒发生卡顿时，处理非常简单 3分：包埋盒发生卡顿时，处理简单 1分：包埋盒发生卡顿时，处理困难	单位用户评价
		D3 耗材更换简易度	色带、墨水、打印头、激光头等耗材更换方式直观且简单方便程度	5分：更换耗材方便，更换方式简单直观，更换过程中无问题 3分：更换耗材较方便，更换方式较简单直观，更换过程中发生问题频率低 1分：更换耗材困难，更换方式复杂，更换过程中频繁发生问题	单位用户评价
		D4 界面设计合理性	设备界面设计合理，符合使用需求	5分：设备界面设计合理，符合使用要求 3分：设备界面设计较合理，符合基本使用要求 1分：设备界面设计不合理，不符合基本使用要求	单位用户评价
		D5 操作流程合理性	设备使用操作流程合理，符合使用逻辑	5分：设备操作流程设计合理，符合各类使用需求 3分：设备操作流程设计较合理，符合基本使用要求 1分：设备操作流程设计不合理，不符合基本使用要求	单位用户评价
		D6 设备易学性	设备操作简单、直接、容易上手	5分：设备操作逻辑直观，符合使用要求，简单易懂，易于上手 3分：设备操作逻辑较不直观，较符合使用要求，较易上手 1分：设备操作逻辑不直观，操作复杂繁琐，不易于上手	单位用户评价

续表

一级指标名称	一级指标释义	二级指标名称	二级指标释义	评分规则（供参考）	数据来源
E 可靠性	在临床应用环境下的医疗器械可靠性，是设备、应用者、医护人员、患者、应用环境综合作用的结果，可靠性有关的指标包括：故障率、使用寿命、平均故障间隔时间、平均无故障工作时间等，主要通过医疗器械故障维修数据采集途径来收集	E1 平均首次故障前工作时间	设备首次故障前工作时间的平均值（计算公式：首次发生故障前工作时间的总和/样本总量，单位：小时）	5分：平均首次故障前工作时间＞3年 3分：平均首次故障前工作时间＞1年且≤3年 1分：平均首次故障前工作时间≤1年	故障与运行数据或者医疗机构应用情况
		E2 平均故障间隔时间	设备的平均故障间隔时间（计算公式：多个样本设备正常工作时间总和/多个样本设备发生故障的总次数，单位：小时）	5分：平均故障间隔时间＞1年 3分：平均故障间隔时间＞0.5年且≤1年 1分：平均故障间隔时间≤0.5年	故障与运行数据或者医疗机构应用情况
		E3 故障率	指工作到某一时刻尚未故障的设备，在该时刻后，单位时间内发生故障的概率（计算公式：1/平均故障间隔时间）	5分：产品故障率＜0.01% 3分：产品故障率≥0.01%且＜0.05% 1分：产品故障率≥0.05%	故障与运行数据或者医疗机构应用情况

注：IEC为国际电工委员会。

表 15-3 全自动组织脱水机评价方案

一级指标名称	一级指标释义	二级指标名称	二级指标释义	评分规则（供参考）	数据来源
A 安全性	医疗器械的安全性包括三个方面：①对患者（样本）的安全性；②对医务人员和操作者的安全性；③对周围环境的安全性，如电磁辐射、毒物污染等	A1 漏电流	流经被测设备保护接地电路的电流	5 分：符合标准 IEC 61010 0 分：不符合标准 IEC 61010	现场测试
		A2 接地阻抗	mΩ，测量分析仪测试插座的保护接地端子，与连接到测设备的保护接地端的被测设备外露的导电部分之间的阻抗	5 分：符合标准 IEC 61010 0 分：不符合标准 IEC 61010	现场测试
		A3 样本安全	机器发生故障时，样本不会干涸	5 分：不干涸 0 分：干涸	专家咨询
		A4 断电保护功能	断电后再次通电能恢复程序继续运行，避免样本损坏，避免造成质量不佳样本增加操作人员工作量	5 分：有 0 分：无	现场测试
		A5 自动识别试剂类型	可自动甄别试剂类型，避免试剂不匹配导致样本损坏	5 分：有 0 分：无	现场测试
		A6 废气处理功能	过滤或者排放危险废气的功能；应在开盖时有自动抽气功能；在机器后面加排气管，直接连排风口，在技师操作的时候能够及时保护操作人员（技师）不受刺激	5 分：有 0 分：无	现场测试

续表

一级指标名称	一级指标释义	二级指标名称	二级指标释义	评分规则（供参考）	数据来源
B 设备技术性能	设备的技术规格，精度等级，结构特性，运行参数	B1 温度准确性和升温效率	组织处理槽能快速升温，处理槽实际温度应该为处理程序设定温度	5分：≤±0.5℃ 3分：≤±2℃ 1分：>±2℃	现场测试
		B2 时间控制准确性	双缸设备对时间控制的准确程度（如设置了浸泡时间30分钟，但实际过程中时间有偏差）	5分：精准 3分：相对准确 1分：偏差比较大	现场测试
		B3 压力控制	加压和真空控制	5分：有 0分：无	现场测试
		B4 试剂搅拌功能	试剂搅拌混匀的功能	5分：有 0分：无	现场测试
		B5 组织脱水效率及效果	包括脱水过程中的带液量，残液量对试剂浓度的影响，以及搅拌对脱水效果的影响	5分：组织脱水效率高，效果理想 3分：组织脱水效率较高，效果比较理想 1分：组织脱水效率低，效果不理想	现场测试
C 适用性	适用性评价重点包括医疗设备技术特点，功能特点，设备使用适用于临床使用习惯或者操作规范	C1 样本通量	设备单次最大可脱水样本通量	5分：单次最大可脱水样本通量≥300 3分：单次最大可脱水样本通量≥200且＜300 1分：单次最大可脱水样本通量＜200	现场测试
		C2 处理样本可追踪功能	可以追踪处理过程样本的功能（样本处理过程的质控：什么时候启动和结束，处理人员是谁等）	5分：有 0分：无	现场测试

续表

一级指标名称	一级指标释义	二级指标名称	二级指标释义	评分规则（供参考）	数据来源
C 适用性	适用性评价重点包括医疗设备技术特点、功能特点、设备使用适用于临床使用习惯或者操作规范	C3 试剂追踪功能	可以追踪试剂更换的功能（如什么时候更换、有没有及时更换、是哪个厂家的、哪个批次的等）	5分：有 0分：无	现场测试
		C4 处理槽液位控制功能	针对处理样本量的液位控制功能	5分：有 0分：无	现场测试
		C5 信息通知	通过短信/邮件等方式，实时推送设备故障及其他所需信息	5分：有 0分：无	现场测试
		C6 远程监控	通过远程操作设备、监测设备运行状态	5分：有 0分：无	现场测试
D 易用性	医疗器械产品使用起来是否顺手好用、高效且令人满意	D1 原液更换便捷性	脱水原液更换方式的便捷性	5分：原液更换直观、方便、简单，有原液状态显示 3分：原液更换直观、简单、方便 1分：原液更换复杂、烦琐	单位用户评价
		D2 清洁维护设计合理性	设备清洁维护设计的合理性	5分：清洁维护设计直观、方便、简单 3分：清洁维护设计直观、方便 1分：清洁维护设计复杂、烦琐	单位用户评价
		D3 界面设计合理性	设备界面设计合理、符合使用需求	5分：设备界面设计合理、符合使用要求 3分：设备界面设计较合理、符合基本使用要求 1分：设备界面设计不合理、不符合基本使用要求	单位用户评价

续表

一级指标名称	一级指标释义	二级指标名称	二级指标释义	评分规则（供参考）	数据来源
D 易用性	医疗器械产品使用起来是否顺手好用、高效且令人满意	D4 操作流程合理性	设备使用操作流程合理，符合使用逻辑	5分：设备操作流程设计合理，符合各类使用需求 3分：设备操作流程设计较合理，符合基本使用要求 1分：设备操作流程设计不合理，不符合基本使用要求	单位用户评价
		D5 设备易学性	设备操作简单、直接、容易上手	5分：设备操作逻辑直观，符合使用要求，简单易懂，易于上手 3分：设备操作逻辑不直观，较符合使用要求，较易上手 1分：设备操作逻辑不直观，操作复杂频琐，不易于上手	单位用户评价
E 可靠性	在临床应用环境下的医疗器械可靠性，是设备、医护人员、患者、应用环境综合作用的结果，可靠性有关的指标包括：故障率、使用寿命、平均故障间隔时间、平均无故障工作时间等，主要通过医疗器械维修数据等途径来收集	E1 平均首次故障前工作时间	设备首次故障前工作时间的平均值（计算公式：首次发生故障前工作时间的总和/样本总量，单位：小时）	5分：平均首次故障前工作时间>3年 3分：平均首次故障前工作时间>1年且≤3年 1分：平均首次故障前工作时间≤1年	故障与运行数据或使用者医疗机构应用情况
		E2 平均故障间隔时间	设备的平均故障间隔时间（计算公式：多个样本设备正常工作时间总和/多个样本设备发生故障的总次数，单位：小时）	5分：平均故障间隔时间>1年 3分：平均故障间隔时间>0.5年且≤1年 1分：平均故障间隔时间≤0.5年	故障与运行数据或使用者医疗机构应用情况
		E3 故障率	指工作到某一时刻尚未故障的设备，在该时刻后，单位时间内发生故障的概率（计算公式：1/平均故障间隔时间）	5分：产品故障率<0.01% 3分：产品故障率≥0.01%且<0.05% 1分：产品故障率≥0.05%	故障与运行数据或使用者医疗机构应用情况

表 15-4　石蜡包埋机评价方案

一级指标名称	一级指标释义	二级指标名称	二级指标释义	评分规则（供参考）	数据来源
A 安全性	医疗器械的安全性包括三个方面：①对患者（样本）的安全性；②对医务人员和操作者的安全性；③对周围环境的安全性，如电磁、辐射、毒物污染等	A1 漏电流	流经被测设备保护接地电路的电流	5分：符合标准 IEC 61010 0分：不符合标准 IEC 61010	现场测试
		A2 接地阻抗	mΩ，测量分析仪测试插座的保护接地端子，与连接到被测设备的保护接地端的被测设备外露的导电部分之间的阻抗	5分：符合标准 IEC 61010 0分：不符合标准 IEC 61010	现场测试
		A3 石蜡渗漏	设备工作过程中存在石蜡渗漏现象，造成设备损坏（比酒精渗透更强，还会凝固）	5分：无渗漏 0分：有渗漏	现场测试
B 设备技术性能	设备的技术规格、精度等级、结构特性、运行参数	B1 温度控制精确度	石蜡熔融温度、冷冻冷冻温度等实际温度与设置温度	5分：石蜡熔融温度、冷冻冷冻温度与设置温度几乎相同 3分：石蜡熔融温度、冷冻冷冻温度与设置温度差距≤±1℃ 1分：石蜡熔融温度、冷冻冷冻温度与设置温度差距＞±1℃	现场测试
		B2 小冷台温度稳定性	小冷台温度保持稳定的性能	5分：温度非常稳定 3分：温度相对稳定 1分：温度变化大	现场测试
		B3 冷台温度稳定性	蜡块冷台温度保持稳定的性能	5分：温度非常稳定 3分：温度相对稳定 1分：温度变化大	现场测试
		B4 融蜡缸容量	融蜡缸的容量	5分：融蜡缸的容量≥5L 3分：融蜡缸的容量≥4L 且＜5L 1分：融蜡缸的容量＜4L	现场测试

续表

一级指标名称	一级指标释义	二级指标名称	二级指标释义	评分规则（供参考）	数据来源
C 适用性	适用性评价重点包括医疗设备技术特点、功能特点，设备使用于临床操作或者使用习惯使用规范	C1 组织槽对脱水篮兼容性	组织槽可以兼容的脱水篮的数量	5分：组织槽可以兼容脱水篮的数量≥150 3分：组织槽可以兼容脱水篮的数量≥100且<150 1分：组织槽可以兼容脱水篮的数量<100	现场测试
		C2 小冷台可控性	操作台的小冷台（冷却区）可控（半导体开关可控），对于包埋小标本比较方便	5分：可控 0分：不可控	现场测试
		C3 石蜡流速调节	石蜡流速调节灵活方便：0～200mL/分可设置，抑或是定制的0～380mL/分	5分：石蜡流速调节支持0～380mL/分 3分：石蜡流速调节支持0～200mL/分 1分：石蜡流速调节不能调节	现场测试
		C4 石蜡杂质过滤系统	不影响流速的情况下，可过滤比较细小的石蜡杂质	5分：可过滤的杂质粒度≤50 μm 3分：可过滤的杂质粒数>50 μm且≤80 μm 1分：可过滤的杂质粒数>80 μm	现场测试
		C5 脚踏开关功能	有脚踏开关控制包埋机注蜡开关，提高包埋效率	5分：有 0分：无	现场测试
		C6 照明灯功能	有照明灯的功能	5分：有 0分：无	现场测试
		C7 摄像头监控功能	用于质控追溯，如样本有没有被包埋进去等情况监测	5分：有 0分：无	现场测试
		C8 扫描功能	用于质控追溯，如扫描包埋盒上的二维码，开展全流程样本追踪	5分：有 0分：无	现场测试
		C9 自动开关机功能	有设定开关机时间的功能	5分：有 0分：没有	现场测试
		C10 温度失控报警功能	温度失控时有声音提醒（比如嘀嘀声），避免操作人员烫伤	5分：有 0分：无	现场测试

续表

一级指标名称	一级指标释义	二级指标名称	二级指标释义	评分规则（供参考）	数据来源
		D1 废蜡清洁便捷性	废蜡清洁维护的简单方便性	5分：清洁维护设计直观、方便、简单 3分：清洁维护设计直观、方便 1分：清洁维护设计复杂繁琐项	单位用户评价
		D2 设备清洁维护便捷性	设备清洁维护的简单方便性	5分：清洁维护设计直观、方便、简单 3分：清洁维护设计直观、方便 1分：清洁维护设计复杂繁琐项	单位用户评价
		D3 人体工程学操作合	操作合符合人体工程学，如操作合有靠手的地方、用于防蜡黏附、防台面温度过高烫伤操作人员躯体	5分：有 0分：无	单位用户评价
D 易用性	医疗器械产品使用起来是否顺手好用、高效且令人满意	D4 界面设计合理性	设备界面设计合理、符合使用需求	5分：设备界面设计合理，符合使用要求 3分：设备界面设计较合理，符合基本使用要求 1分：设备界面设计不合理，不符合基本使用要求	单位用户评价
		D5 操作流程合理性	设备使用操作流程合理、符合使用逻辑	5分：设备操作流程设计合理，符合各类使用需求 3分：设备操作流程设计较合理，符合基本使用要求 1分：设备操作流程设计不合理，不符合基本使用要求	单位用户评价
		D6 设备易学性	设备操作简单、直接、容易上手	5分：设备操作逻辑直观，符合使用要求、简单易懂、易于上手 3分：设备操作逻辑较直观、较符合使用要求、较易上手 1分：设备操作逻辑不直观、不符合使用要求、操作复杂繁琐项、不易于上手	单位用户评价

续表

一级指标名称	一级指标释义	二级指标名称	二级指标释义	评分规则（供参考）	数据来源
E 可靠性	在临床应用环境下的医疗器械可靠性，是设备、医护人员、患者、应用环境综合作用的结果。可靠性有关的指标包括：故障率、使用寿命、平均故障间隔时间、平均无故障工作时间等。主要通过医疗器械故障维修等数据来收集	E1 平均首次故障前工作时间	设备首次故障前工作时间的平均值（计算公式：首次发生故障前工作时间的总和/样本总量，单位:小时）	5分：平均首次故障前工作时间＞3年 3分：平均首次故障前工作时间＞1年且≤3年 1分：平均首次故障前工作时间≤1年	故障与运行数据或使用者医疗机构应用情况
		E2 平均故障间隔时间	设备的平均故障间隔时间（计算公式：多个本设备正常工作时间总和/多个样本设备发生故障的总次数，单位:小时）	5分：平均故障间隔时间＞1年 3分：平均故障间隔时间＞0.5年且≤1年 1分：平均故障间隔时间≤0.5年	故障与运行数据或使用者医疗机构应用情况
		E3 故障率	工作到某一时刻尚未故障的设备，在该时刻后，单位时间内发生故障的概率（计算公式：1/平均故障间隔时间）	5分：产品故障率＜0.01% 3分：产品故障率≥0.01%且＜0.05% 1分：产品故障率≥0.05%	故障与运行数据或使用者医疗机构应用情况

表 15-5　病理切片机评价方案

一级指标名称	一级指标释义	二级指标名称	二级指标释义	评分规则（供参考）	数据来源
A 安全性	医疗器械的安全性包括三个方面：①对患者（样本）的安全性；②对医务人员和操作者的安全性；③对周围环境的安全性，如电磁辐射、污染等	A1 漏电流	流经被测设备保护接地电路的电流	5 分：符合标准 IEC 61010 0 分：不符合标准 IEC 61010	现场测试
		A2 接地阻抗	mΩ，测量分析仪测试插座的保护接地端子，与连接到被测设备的保护接地端到被测设备外露的导电部分之间的阻抗	5 分：符合标准 IEC 61010 0 分：不符合标准 IEC 61010	现场测试
		A3 防割伤保护系统	刀片边上有防割伤保护，转轮有锁定功能	5 分：有 0 分：无	现场测试
B 设备技术性能	设备的技术规格、精度等级、结构特性，运行参数	B1 切片精度	石蜡切片厚度的精度	5 分：100 圈累计误差≤6% 3 分：100 圈累计误差≤10% 1 分：100 圈累计误差>10%	现场测试
		B2 切片厚薄均匀度	切片时厚薄均匀、出片顺畅、不跳片	5 分：切片薄厚均匀 0 分：切片薄厚不均匀	现场测试
		B3 样本回缩功能	自动回缩，避免样品回升过程中碰到刀片	5 分：有 0 分：无	现场测试

续表

一级指标名称	一级指标释义	二级指标名称	二级指标释义	评分规则（供参考）	数据来源
C 适用性	适用性评价重点包括医疗设备技术特点、功能特点，设备使用适用于临床使用习惯或者操作规范	C1 切片手轮转动阻力	切片时转轮的轻重程度和协调性、转轮阻力小、轻快	5分：阻力小 3分：阻力适中 1分：阻力大	现场测试
		C2 手轮转动均匀度	切片时转轮的阻力均匀性	5分：切片转轮均匀度一致，阻力小 3分：切片转轮均匀度较一致，阻力适中 1分：切片转轮均匀度不一致	现场测试
		C3 兼容多功能附件	比如移动控制盒：比如 5 V 输出，可以接加湿器等	5分：有 0分：无	现场测试
		C4 粗修轮进给方向可切换	粗修轮（左边的小转轮）进给方向可切换	5分：可切换 0分：不可切换	现场测试
		C5 机顶储物篮	机顶托盘，可收纳刀片、蜡块、毛刷、镊子等	5分：有 0分：无	现场测试
D 易用性	医疗器械产品使用起来是否顺手好用、高效且令人满意	D1 刀片更换简易性	刀片更换安全、简单、便利	5分：方法直观、方便、安全 3分：方法直观、安全 1分：方法复杂、频频、不安全	单位用户评价
		D2 清洁维护设计合理性	设备清洁维护的设计合理、方便	5分：清洁维护设计直观、方便、简单 3分：清洁维护设计直观、方便 1分：清洁维护设计复杂、频频、不安全	单位用户评价
		D3 样本夹更换便捷性	样本夹更换直观、快速、简单方便	5分：方法直观、方便、安全 3分：方法直观、安全 1分：方法复杂、频频、不安全	单位用户评价

续表

一级指标名称	一级指标释义	二级指标名称	二级指标释义	评分规则（供参考）	数据来源
D 易用性	医疗器械产品使用起来是否顺手好用,高效且令人满意	D4 界面设计合理性	设备界面设计合理,符合使用需求	5分:设备界面设计合理,符合使用要求 / 3分:设备界面设计较合理,符合基本使用要求 / 1分:设备界面设计不合理,不符合基本使用要求	单位用户评价
		D5 操作流程合理性	设备使用操作流程合理,符合使用逻辑	5分:设备操作流程设计合理,符合各类使用需求 / 3分:设备操作流程设计较合理,符合基本使用要求 / 1分:设备操作流程设计不合理,不符合基本使用要求	单位用户评价
		D6 设备易学性	设备操作简单、直接、容易上手	5分:设备操作逻辑直观,符合使用要求,简单易懂,易于上手 / 3分:设备操作逻辑不直观,较符合使用要求,较易上手 / 1分:设备操作逻辑不直观,操作复杂频频,不易于上手	单位用户评价
E 可靠性	在临床应用环境下的医疗器械可靠性,是设备、医护人员、患者、应用环境综合作用的结果,可靠性有关的指标包括:故障率、平均寿命、平均故障间隔时间、平均无故障工作时间等。主要通过医疗器械故障维修数据等途径来收集	E1 平均首次故障前工作时间	设备首次故障前工作时间的平均值（计算公式:首次发生故障前工作时间的总和/样本总量,单位:小时）	5分:平均首次故障前工作时间>3年 / 3分:平均首次故障前工作时间>1年且≤3年 / 1分:平均首次故障前工作时间≤1年	故障与运行数据或者医疗机构应用情况
		E2 平均故障间隔时间	设备的平均故障间隔时间（计算公式:多个样本设备正常工作时间总和/多个样本设备发生故障的总次数,单位:小时）	5分:平均故障间隔时间>1年 / 3分:平均故障间隔时间>0.5年且≤1年 / 1分:平均故障间隔时间≤0.5年	故障与运行数据或者医疗机构应用情况
		E3 故障率	工作到某一时刻尚未故障的设备,在该时刻后,单位时间内发生故障的概率（计算公式:1/平均故障间隔时间）	5分:产品故障率<0.01% / 3分:产品故障率≥0.01%且<0.05% / 1分:产品故障率≥0.05%	故障与运行数据或者医疗机构应用情况

表 15-6 载玻片打号机评价方案

一级指标名称	一级指标释义	二级指标名称	二级指标释义	评分规则（供参考）	数据来源
A 安全性	医疗器械的安全性包括三个方面：①对患者（样本）的安全性；②对医务人员和操作者的安全性；③对周围环境的安全性，如电磁辐射、毒物污染等	A1 漏电流	流经被测设备保护接地电路的电流	5分：符合标准 IEC 61010 0分：不符合标准 IEC 61010	现场测试
		A2 接地阻抗	mΩ，测量分析仪测试插座的保护接地端子，与连接到被测设备的保护接地端的被测电部分之间的导电部分之间的阻抗	5分：符合标准 IEC 61010 0分：不符合标准 IEC 61010	现场测试
		A3 环境友好性	打印过程无烟雾、粉尘、气味（甲醛污染）等有害物质产生，对环境无污染，对操作人员身体无影响；对于激光打号机，打印过程中不会产生光污染，不会造成操作人员眼睛损伤等	5分：打印过程无烟雾、粉尘、气味 3分：打印过程有轻微烟雾、粉尘、气味 1分：打印过程有明显看烟雾、粉尘、气味	现场测试
		A4 噪声	设备运行时产生的噪声，操作人员长期工作在嗡鸣声存在的环境中，其神经系统容易受到影响，使其急躁、易怒、头疼、听力下降，影响睡眠，造成疲倦	5分：工作过程中声音≤50分贝（几乎不吵） 3分：工作过程中声音>50分贝且≤60分贝（可接受） 1分：工作过程中声音>60分贝（比较吵）	现场测试

续表

一级指标名称	一级指标释义	二级指标名称	二级指标释义	评分规则（供参考）	数据来源
		B1 平均打印速度	平均打印载玻片速度（打印 1 个二维码＋10 个字符，单位：个/分）	激光、喷墨、色带 5 分：平均打印载玻片速度≥20 个/分 3 分：平均打印载玻片速度≥12 个/分且＜20 个/分 1 分：平均打印载玻片速度＜12 个/分	现场测试
		B2 二维码识别速度	扫码设备识别设备打印的二维码的速度	5 分：二维码识别速度≤0.5 秒 3 分：二维码识别速度＞0.5 秒且≤1 秒 1 分：二维码识别速度＞1 秒	现场测试
		B3 二维码识别率	扫码设备识别设备打印的二维码的识别失败率	5 分：识别失败率≤1/1000 3 分：识别失败率＞1/1000 且≤5/1000 1 分：识别失败率＞5/1000	专家咨询
B 设备技术性能	设备的技术规格、精度等级、结构特性、运行参数	B4 打印清晰度	使用标准耗材，打印字体或图像的清晰程度	5 分：颜色对比度高，字体边缘锐利度非常清晰 3 分：颜色对比度中等，字体边缘锐利度清晰 1 分：颜色对比度弱，字体边缘锐利度差	现场测试
		B5 对比度	设备打印图案与载玻片底色的灰度差	5 分：灰度对比度明显（对比度值≥240） 3 分：灰度对比度一般（对比度值 200～239） 1 分：灰度对比度较差（对比度值＜200）	现场测试
		B6 图形耐磨度	载玻片通过浸泡（甲醛、无水乙醇、二甲苯、1%的盐酸等化学试剂）或者硬物刮擦的过程中，其上的字体或图像抵抗磨损的特性	5 分：通过浸泡、刮擦没有出现字迹丢失、缺损或模糊 3 分：通过浸泡、刮擦出现一定的字迹丢失、缺损或模糊，但不影响使用 1 分：简单浸泡、刮擦出现一定的字迹丢失、缺损或模糊，影响使用	专家咨询
		B7 卡顿发生率	打印过程中发生故障或停顿的概率	5 分：打印过程中发生故障的概率≤1/10000 3 分：打印过程中发生故障的概率＞1/10000 且≤2/10000 1 分：打印过程中发生故障的概率＞2/10000	现场测试

续表

一级指标名称	一级指标释义	二级指标名称	二级指标释义	评分规则（供参考）	数据来源
C 适用性	适用性评价重点包括医疗设备技术特点，功能特点，设备使用适用于临床使用习惯或者操作规范	C1 兼容功能	可兼容的载玻片类型和尺寸（不同长宽:26mm×76mm,25.4mm×76.2mm,25mm×75mm,不同厚度:1.0mm,1.2mm,1.3mm)	5分:全兼容 3分:部分兼容 1分:兼容性差	现场测试
		C2 设备尺寸	反映机器或部件的大小	5分:设备小巧 3分:设备占地一般 1分:设备占地比较大	现场测试
		C3 触摸操作屏	通过触摸操作屏进行设置,操作或者修改	5分:带触摸屏,可方便设置的 3分:有非触摸屏 1分:无屏,需外接电脑设置	现场测试
		C4 附带扫描功能	内置扫描枪	5分:有 0分:无	现场测试
		C5 装载数量和通道	打印机单次可以装填载玻片的数量,减少玻片更换对打印速度的影响,多通道可以装载不同种类玻片,满足用户快速切换	5分:打印机可以装载的载玻片的数量≥100 3分:打印机可以装载的数量≥50 且<100 1分:打印机可以装载的载玻片的数量<50	现场测试

续表

一级指标名称	一级指标释义	二级指标名称	二级指标释义	评分规则（供参考）	数据来源
D 易用性	医疗器械产品使用起来是否顺手好用、高效且令人满意	D1 装填及收集便利性	载玻片装填及收集方面的便利性	5分：方便装填载玻片，装填方式简单直观，装填过程中无问题 3分：装填载玻片装填方式简单 1分：装填载玻片困难，装填方式复杂，装填过程中频繁发生问题	单位用户评价
		D2 载玻片卡顿恢复便利性	载玻片发生卡顿后恢复的便利性	5分：载玻片发生卡顿时，处理非常简单 3分：载玻片发生卡顿时，处理简单 1分：载玻片发生卡顿时，处理困难	单位用户评价
		D3 载玻片碎片清理便利性	清理载玻片碎片方式的便利程度	5分：载玻片清理方便、简单 3分：载玻片清理比较方便、简单 1分：载玻片清理复杂、烦琐	单位用户评价
		D4 耗材更换简易性	色带，墨水，打印头，激光头等耗材更换方式直观且简单方便程度	5分：更换耗材方便，更换方式简单直观，更换过程中无问题 3分：更换耗材较方便，更换方式较简单直观，更换过程中发生问题频率低 1分：更换耗材困难，更换方式复杂，更换过程中频繁发生问题	单位用户评价
		D5 界面设计合理性	设备界面设计合理、符合使用需求	5分：设备界面设计合理，符合使用要求 3分：设备界面设计较合理，符合基本使用要求 1分：设备界面设计不合理，不符合基本使用要求	单位用户评价
		D6 操作流程合理性	设备使用操作流程合理，符合使用逻辑	5分：设备操作流程设计合理，符合各类使用需求 3分：设备操作流程设计较合理，符合基本使用要求 1分：设备操作流程设计不合理，不符合基本使用要求	单位用户评价
		D7 设备易学性	设备操作简单、直接，容易上手	5分：设备操作逻辑直观，符合使用要求，简单易懂，易于上手 3分：设备操作逻辑较直观，较符合使用要求，较简单，较易于上手 1分：设备操作逻辑不直观，操作复杂烦琐，不易于上手	单位用户评价

续表

一级指标名称	一级指标释义	二级指标名称	二级指标释义	评分规则（供参考）	数据来源
E 可靠性	在临床应用环境下的医疗器械可靠性,是设备、医护人员、应用环境综合作用的结果,可靠性有关的指标包括:故障率、使用寿命、平均故障间隔时间、平均无故障工作时间,主要通过医疗器械故障等数据收集来收集	E1 平均首次故障前工作时间	设备首次故障前工作时间的平均值(计算公式:首次发生故障前工作时间的总和/样本总量,单位:小时)	5分:平均首次故障前工作时间>3年; 3分:平均首次故障前工作时间>1年且≤3年; 1分:平均首次故障前工作时间≤1年	故障与运行数据或者医疗机构应用情况
		E2 平均故障间隔时间	设备的平均故障间隔时间(计算公式:多个样本设备正常工作时间总和/多个样本发生故障的总次数,单位:小时)	5分:平均故障间隔时间>1年; 3分:平均故障间隔时间>0.5年且≤1年; 1分:平均故障间隔时间≤0.5年	故障与运行数据或者医疗机构应用情况
		E3 故障率	工作到某一时刻尚未故障的设备,在该时刻后,单位时间内发生故障的概率(计算公式:1/平均故障间隔时间)	5分:产品故障率<0.01%; 3分:产品故障率≥0.01%且<0.05%; 1分:产品故障率≥0.05%	故障与运行数据或者医疗机构应用情况

表 15-7　摊/烤片机评价方案

一级指标名称	一级指标释义	二级指标名称	二级指标释义	评分规则（供参考）	数据来源
A 安全性	医疗器械的安全性包括三个方面：①对患者（样本）的安全性；②对医务人员和操作者的安全性；③对周围环境的安全性，如电磁辐射、毒物污染等	A1 漏电流	流经被测设备保护接地电路的电流	5 分：符合标准 IEC 61010 0 分：不符合标准 IEC 61010	现场测试
		A2 接地阻抗	mΩ，测量分析仪测试插座的保护接地端子，与连接到被测设备的保护接地端部分之间的导电部分之间的阻抗	5 分：符合标准 IEC 61010 0 分：不符合标准 IEC 61010	现场测试
		A3 防漏水	有防水渗水功能可避免设备故障（如设备电路进水而导致短路烧坏情况）	5 分：有 0 分：无	现场测试
		A4 防烫伤	温度失控时避免操作人员烫伤的功能	5 分：有 0 分：无	现场测试
B 设备技术性能	设备的技术规格、精度等级、运行特性,结构参数	B1 温度控制精确度	烘片温度的实际温度应该为该系统设置温度	5 分：烤片区温度与设置温度基本相同 3 分：烤片区温度与设置温度差距≤±1℃ 1 分：烤片区温度与设置温度差距＞±1℃	现场测试
		B2 烤片区温度均匀性	升温稳定后烤片区各位置温度是否相同	5 分：烤片区各点温度基本相同 3 分：烤片区各点温度差距≤±1℃ 1 分：烤片区各点温度差距＞±1℃	现场测试

续表

一级指标名称	一级指标释义	二级指标名称	二级指标释义	评分规则（供参考）	数据来源
C 适用性	适用性评价重点包括医疗设备技术特点，设备使用习惯或者临床使用习惯功能特点，功能特别适用于临床操作规范	C1 定时断电功能	设备具有定时断电功能	5分：有 0分：无	现场测试
		C2 安全防护功能	设备具有安全防护功能，如温度过高时自行断电等	5分：有 0分：无	现场测试
		C3 沥水功能	设备具有沥水功能模块（沥水斜坡、瓦楞槽）	5分：有 0分：无	现场测试
		C4 自动开关机功能	有设定开关机时间的功能	5分：有 0分：无	现场测试
		C5 封蜡功能	摊烤片机设置有独立的封蜡槽，特别适宜单人操作	5分：有 0分：无	现场测试
		C6 照明功能	有设置照明功能，照明亮度可调节，色温接近自然光	5分：有 0分：无	现场测试
		C7 多水浴锅	设置有多水浴锅，不同锅可设置不同温度	5分：有 0分：无	现场测试
		C8 杂质过滤功能	可通过滤网之类的工具快速将水浴锅里的石蜡碎屑清理掉	5分：有 0分：无	现场测试

续表

一级指标名称	一级指标释义	二级指标名称	二级指标释义	评分规则（供参考）	数据来源
D 易用性	医疗器械产品使用起来是否顺手好用、高效且令人满意	D1 温度设置便捷性	设备温度设置直观且简单方便，并有记忆功能	5 分：温度设置直观、方便、简单，有温度设置显示 3 分：温度设置直观、方便 1 分：温度设置复杂、烦琐	单位用户评价
		D2 清洁维护设计合理性	设备清洁维护的设计合理且简单方便	5 分：清洁维护设计直观、方便、简单 3 分：清洁维护设计直观、方便 1 分：清洁维护设计复杂、烦琐	单位用户评价
		D3 界面设计合理性	设备界面设计合理、符合使用需求	5 分：设备界面设计合理、符合使用要求 3 分：设备界面设计较合理、符合基本使用要求 1 分：设备界面设计不合理、不符合基本使用要求	单位用户评价
		D4 操作流程合理性	设备使用操作流程合理、符合使用逻辑	5 分：设备操作流程设计合理、符合各类使用需求 3 分：设备操作流程设计较合理、符合各类使用要求 1 分：设备操作流程设计不合理、不符合使用要求	单位用户评价
		D5 设备易学性	设备操作简单、直接、容易上手	5 分：设备操作逻辑直观、符合使用要求、简单易懂、易于上手 3 分：设备操作逻辑不直观、较符合使用要求、较易上手 1 分：设备操作逻辑不直观、操作复杂烦琐、不易于上手	单位用户评价

一级指标名称	一级指标释义	二级指标名称	二级指标释义	评分规则（供参考）	数据来源
E 可靠性	在临床应用环境下的医疗器械可靠性，是设备、医护人员、患者、应用环境综合作用的结果，可靠性有关的指标包括：故障率、使用寿命、平均故障间隔时间、平均无故障工作时间等，主要通过医疗器械故障维修数据收集	E1 平均首次故障前工作时间	设备首次故障前工作时间的平均值（计算公式：首次发生故障前工作时间的总和/样本总量，单位：小时）	5分：平均首次故障前工作时间>3年 3分：平均首次故障前工作时间>1年且≤3年 1分：平均首次故障前工作时间≤1年	故障与运行数据或应用者医疗机构应用情况
		E2 平均故障间隔时间	设备的平均故障间隔时间（计算公式：多个样本设备正常工作时间总和/多个样本设备发生故障的总次数，单位：小时）	5分：平均故障间隔时间>1年 3分：平均故障间隔时间>0.5年且≤1年 1分：平均故障间隔时间≤0.5年	故障与运行数据或应用者医疗机构应用情况
		E3 故障率	工作到某一时刻尚未故障的设备，在该时刻后，单位时间内发生故障的概率（计算公式：1/平均故障间隔时间）	5分：产品故障率<0.01% 3分：产品故障率≥0.01%且<0.05% 1分：产品故障率≥0.05%	故障与运行数据或应用者医疗机构应用情况

表 15-8　全自动染色机评价方案

一级指标名称	一级指标释义	二级指标名称	二级指标释义	评分规则（供参考）	数据来源
A 安全性	医疗器械的安全性包括三个方面：①对患者（样本）的安全性；②对医务人员和操作者的安全性；③对周围环境的安全性，如电磁辐射、毒物污染等	A1 漏电流	流经被测设备保护接地电路的电流	5 分：符合标准 IEC 61010 0 分：不符合标准 IEC 61010	现场测试
		A2 接地阻抗	mΩ，测量分析仪测试插座的保护接地端子，与连接到被测设备的保护接地端的被测设备外露的导电部分之间的阻抗	5 分：符合标准 IEC 61010 0 分：不符合标准 IEC 61010	现场测试
		A3 废气处理功能	过滤或者排放危险废气的功能：要在开盖时有自动抽气功能，在机器后面加排气管，直接连排风口，在技师操作的时候能够及时保护	5 分：有 0 分：无	现场测试
		A4 噪声	工作过程中产生的噪声	5 分：工作过程中声音≤50 分贝（几乎不吵） 3 分：工作过程中声音>50 分贝且≤60 分贝（可接受） 1 分：工作过程中声音>60 分贝（比较吵）	现场测试
		A5 断电保护功能	断电后再次通电能恢复程序继续运行，避免样本损坏，避免色质量不佳造成操作人员工作量	5 分：有 0 分：无	现场测试

续表

一级指标名称	一级指标释义	二级指标名称	二级指标释义	评分规则(供参考)	数据来源
B 设备技术性能	设备的技术规格、精度等级、结构特性、运行参数	B1 单次载玻片加载量	单次能处理的载玻片的数量，体现了设备工作效率	5分:同时可运行载玻片数量≥60片 3分:同时可运行载玻片数量≥30片且<60片 1分:同时可运行载玻片数量<30片	现场测试
		B2 同时可运行染色程序	可同时运行的流程数量并不冲突，无延时	5分:同时可运行≥5个且不冲突 3分:同时可运行<5个	现场测试
		B3 精确控制时间精度	染色时间的控制精度	5分:染色时间控制与设置时间误差≤1秒 3分:染色时间控制与设置时间误差>1秒且≤5秒 1分:染色时间控制与设置时间误差>5秒	现场测试
		B4 机械臂定位不准率	机械臂到达指定位置的不准确率(按次数算或者按架数算)	5分:≤1/5000 3分:>1/5000且≤1/1000 1分:>1/1000	专家咨询
C 适用性	适用性评价重点，包括医疗设备技术特点，功能特点，设备使用习惯于临床使用习惯或者操作规范	C1 系统提示功能	实时显示标本数量、试剂数量和种类、试剂使用次数，试剂要更换时有提示，有程序结束提醒，并且在系统故障时通过设备(有语音提示)或者推送给管理者手机进行提醒	5分:全部都有 3分:简单的程序提醒，故障提醒 1分:只有程序结束提醒	现场测试
		C2 试剂缸数量	设备可设有一定数量的试剂缸，以满足临床业务需求	5分:试剂缸数量≥30个 3分:试剂缸数量≥25个且<30个 1分:试剂缸数量<25个	现场测试
		C3 开始缸数量	设备可设有一定数量的开始缸，以满足临床业务需求	5分:开始缸数量≥2个 3分:开始缸数量1个	现场测试

续表

一级指标名称	一级指标释义	二级指标名称	二级指标释义	评分规则（供参考）	数据来源
C 适用性	适用性评价重点包括医疗设备技术特点、功能特点、设备使用适用于临床使用习惯或者操作使用规范	C4 烤片缸数量	设备可设有一定数量的烤片缸，以满足临床业务需求	5分:烤片缸≥2个 3分:烤片缸1个	现场测试
		C5 水洗缸数量	设备可设有一定数量的水洗缸，以满足临床业务需求	5分:水洗缸3个 3分:水洗缸2个 1分:水洗缸1个	现场测试
		C6 试剂缸恒温功能	试剂缸温度能比较准确地维持在设备设定的温度值	5分:有 0分:无	现场测试
D 易用性	医疗器械产品使用起来是否顺手好用、高效且令人满意	D1 样本收放便捷性	样本放入及收回方式安全且简单方便	5分:样本收放方式直观、方便、简单，有提示 3分:样本收放方式直观、方便 1分:样本收放方式复杂、烦琐	单位用户评价
		D2 清洁维护设计合理性	设备清洁维护的设计合理且简单方便	5分:清洁维护设计直观、方便、简单 3分:清洁维护设计直观、方便 1分:清洁维护设计复杂、烦琐	单位用户评价
		D3 试剂更换便捷性	试剂更换是否安全且简单方便	5分:试剂更换直观、简单、有试剂状态显示 3分:试剂更换直观、方便 1分:试剂更换复杂、烦琐	单位用户评价
		D4 界面设计合理性	设备界面设计合理、符合使用需求	5分:设备界面设计合理、符合使用要求 3分:设备界面设计较合理、符合基本使用要求 1分:设备界面设计不合理、不符合基本使用要求	单位用户评价
		D5 操作流程合理性	设备使用操作流程合理、符合使用逻辑	5分:设备操作流程设计合理、符合各类使用需求 3分:设备操作流程设计较合理、符合基本使用要求 1分:设备操作流程设计不合理、不符合基本使用要求	单位用户评价

续表

一级指标名称	一级指标释义	二级指标名称	二级指标释义	评分规则（供参考）	数据来源
D 易用性	医疗器械产品使用起来是否顺手、好用、高效且令人满意	D6 设备易学性	设备操作简单、直接，容易上手	5分：设备操作逻辑直观，符合使用要求，简单易懂，易于上手；3分：设备操作逻辑不直观，较符合使用要求，较易上手；1分：设备操作逻辑不直观，操作复杂烦琐，不易于上手	单位用户评价
E 可靠性	在临床应用环境下的医疗器械可靠性，是设备、医护人员、患者、应用环境综合作用的结果。可靠性有关的指标包括：故障率、使用寿命、平均故障间隔时间、平均无故障工作时间等，主要通过医疗器械故障维修数据等途径来收集	E1 平均首次故障前工作时间	设备首次故障前工作时间的平均值（计算公式：首次发生故障前工作时间的总和/样本总量，单位：小时）	5分：平均首次故障前工作时间＞3年；3分：平均首次故障前工作时间＞1年且≤3年；1分：平均首次故障前工作时间≤1年	故障与运行数据或者医疗机构应用情况
		E2 平均故障间隔时间	设备的平均故障间隔时间（计算公式：多个样本本设备正常工作时间总和/多个样本本设备发生故障的总次数，单位：小时）	5分：平均故障间隔时间＞1年；3分：平均故障间隔时间＞0.5年且≤1年；1分：平均故障间隔时间≤0.5年	故障与运行数据或者医疗机构应用情况
		E3 故障率	工作到某一时刻尚未故障的设备，在该时刻后，单位时间内发生故障的概率（计算公式：1/平均故障间隔时间）	5分：产品故障率＜0.01%；3分：产品故障率≥0.01%且＜0.05%；1分：产品故障率≥0.05%	故障与运行数据或者医疗机构应用情况

表 15-9　自动盖片机评价方案

一级指标名称	一级指标释义	二级指标名称	二级指标释义	评分规则（供参考）	数据来源
A 安全性	医疗器械的安全性包括三个方面：①对患者（样本）的安全性；②对医务人员和操作者的安全性；③对周围环境的安全性，如电磁辐射、毒物污染等	A1 漏电流	流经被测设备保护接地电路的电流	5分:符合标准 IEC 61010 0分:不符合标准 IEC 61010	现场测试
		A2 接地阻抗	mΩ,测量分析仪测试插座的保护接地端子,与连接到被测设备的保护接地端的被测设备外露的导电部分之间的阻抗	5分:符合标准 IEC 61010 0分:不符合标准 IEC 61010	现场测试
		A3 环境友好性	对环境无污染,对操作人员身体无影响,可排放废气	5分:设备具有过滤有害物质的功能,对环境无污染 0分:设备不具有过滤有害物质功能	现场测试
B 设备技术性能	设备的技术规格,结构特级,精度等级,运行参数性	B1 封片速度	输出一片所花的时间（每小时能处理的载玻片数量,大部分 1 小时 400 片）	5分:<5秒 3分:5秒≤值<9秒 1分:≥9秒	现场测试
		B2 输出站存储容量	能存储已封片的染色架数	5分:设备单次能放置 10 个及以上的染色架 3分:设备单次能放置 3~9 个的染色架 1分:设备单次能放置 2 个及以下的染色架	现场测试
		B3 碎片率	盖玻片或载玻片碎片率（和机器有关系,但和盖玻片的质量关系更大）	5分:≤1/1000 3分:>1/1000 且≤5/1000 1分:>5/1000	专家咨询
		B4 气泡发生率	产生气泡的概率（按盖片胶的品牌型号,与盖片的动作是否轻柔也有关系）	5分:≤1% 3分:>1%且≤5% 1分:>5%	专家咨询
		B5 机械臂走位错误发生率	机械臂到达指定位置的不准确率（按次数计算）	5分:≤1/1000 3分:>1/1000 且≤5/1000 1分:>5/1000	专家咨询

续表

一级指标名称	一级指标释义	二级指标名称	二级指标释义	评分规则（供参考）	数据来源
C 适用性	适用性评价重点包括医疗设备技术特点，功能特点，设备使用适用于临床使用习惯或者操作规范	C1 兼容功能	兼容载玻片和盖玻片的类型（不同品牌，型号，尺寸）	5分：兼容 0分：不兼容	现场测试
		C2 晾或烘片功能	风干功能	5分：有 0分：无	现场测试
		C3 与染色机联机功能	与染色机联机之后组成工作站	5分：有 0分：无	现场测试
		C4 碎片检测处理功能	可以检测出碎片并可以自动移走碎片的功能（有专门设置收纳碎片的空间），不影响设备继续运行	5分：有 0分：无	现场测试
		C5 运行错误报警功能	运行发生错误时，暂停运行并发出报警的功能（声音或者灯光提示）	5分：有 0分：无	现场测试
		C6 快捷键功能	根据不同封片组织类型，可设置预设功能（胶量，压力，时间都预设设好）	5分：有 0分：无	现场测试
D 易用性	医疗器械产品使用起来是否顺手好用、高效且令人满意	D1 碎片清洁便捷性	碎片清理方式简单方便	5分：碎片清理方式直观，方便，简单，有碎片检测显示 3分：碎片清理方式直观，方便 1分：碎片清理方式复杂，烦琐	单位用户评价
		D2 输入架填装方式合理性	样本玻片放入输入架方式简单，方便，合理	5分：样本玻片放入输入架方式直观，方便，简单，有放入提醒 3分：样本玻片放入输入架方式直观，方便 1分：样本玻片放入输入架方式复杂，烦琐	单位用户评价

续表

一级指标名称	一级指标释义	二级指标名称	二级指标释义	评分规则（供参考）	数据来源
D 易用性	医疗器械产品使用起来是否顺手好用、高效且令人满意	D3 输出架取出方式合理性	封片样本取出输出站方式设置合理,操作简单方便	5分:封片样本取出输出站方式直观,方便,简单,有取出检测提醒 3分:封片样本取出输出站方式直观,方便 1分:封片样本取出输出站方式复杂,烦琐	单位用户评价
		D4 耗材更换便捷性	设备耗材更换直观方便（有封片胶、盖玻片）	5分:方便更换耗材,更换方式简单直观,更换过程中无问题 3分:较方便更换耗材,更换方式较简单直观,更换过程中发生问题频率低 1分:更换耗材困难,更换方式复杂,更换过程中频繁发生问题	单位用户评价
		D5 界面设计合理性	设备界面设计合理,符合使用需求	5分:设备界面设计合理,符合使用要求 3分:设备界面设计较合理,符合基本使用要求 1分:设备界面设计不合理,不符合基本使用要求	单位用户评价
		D6 操作流程合理性	设备使用操作流程合理,符合使用逻辑	5分:设备操作流程设计合理,符合各类使用需求 3分:设备操作流程设计较合理,符合各类使用使用要求 1分:设备操作流程设计不合理,不符合基本使用要求	单位用户评价
		D7 设备易学性	设备操作简单、直接、容易上手	5分:设备操作逻辑直观,符合使用要求,简单易懂,易于上手 3分:设备操作逻辑不直观,较符合使用要求,较易上手 1分:设备操作逻辑不直观,操作复杂烦琐,不易于上手	单位用户评价

续表

一级指标名称	一级指标释义	二级指标名称	二级指标释义	评分规则（供参考）	数据来源
E 可靠性	在临床应用环境下的医疗器械可靠性，是设备、医护人员、患者、应用环境等综合作用的结果，可靠性有关的指标包括：故障率、使用寿命、平均故障间隔时间、主要故障工作时间等，通过医疗器械故障、维修等数据收集来收集	E1 平均首次故障前工作时间	设备首次故障前工作时间的平均值（计算公式：首次发生故障前工作时间的总和/样本总量，单位：小时）	5 分：平均首次故障前工作时间>3 年 3 分：平均首次故障前工作时间>1 年且≤3 年 1 分：平均首次故障前工作时间≤1 年	故障与运行参数或者医疗机构应用情况
		E2 平均故障间隔时间	设备的平均故障间隔时间（计算公式：多个/多个样本设备正常工作时间总和/多个样本设备发生故障的总次数，单位：小时）	5 分：平均故障间隔时间>1 年 3 分：平均故障间隔时间>0.5 年且≤1 年 1 分：平均故障间隔时间≤0.5 年	故障与运行参数或者医疗机构应用情况
		E3 故障率	工作到某一时刻尚未故障的设备，在该时刻后，单位时间内发生故障的概率（计算公式：1/平均故障间隔时间）	5 分：产品故障率<0.01% 3 分：产品故障率≥0.01%且<0.05% 1 分：产品故障率≥0.05%	故障与运行参数或者医疗机构应用情况

表 15-10　生物显微镜评价方案

一级指标名称	一级指标释义	二级指标名称	二级指标释义	评分规则（供参考）	数据来源
A 安全性	医疗器械的安全性包括三个方面：①对患者（样本）的安全性；②对医务人员和操作者的安全性；③对周围环境的安全性，如电磁辐射，毒物污染等	A1 漏电流	流经被测设备保护接地电路的电流	5 分：符合标准 IEC 61010 0 分：不符合标准 IEC 61010	现场测试
		A2 接地阻抗	mΩ，测量分析仪测试插座的保护接地端子，与连接到被测设备的保护接地端的被测设备外露的导电部分之间的阻抗	5 分：符合标准 IEC 61010 0 分：不符合标准 IEC 61010	现场测试
B 设备技术性能	设备的技术规格、精度等级、结构特性，运行参数	B1 齐焦准确性	物镜切换之后焦平面依旧清晰（比如 10 倍物镜切换到 20 倍物镜后聚焦后依旧清晰）	5 分：清晰 0 分：模糊（不清晰）	现场测试
		B2 载物台移动精准性	载物台 X 和 Y 移动时的距离准确性	5 分：精准 0 分：不精准	现场测试
		B3 物镜分辨率	物镜类型（同等级别可参考 NA）	5 分：平场全复消色差物镜 3 分：平场半复消色差物镜 1 分：平场普通／一般消色差物镜	现场测试
		B4 成像视野	目镜视场范围	5 分：23mm 或 25mm 3 分：22mm 1 分：20mm	现场测试
		B5 微动稳定性	微动时的稳定性	5 分：微动稳定性好，不会出现滑动 3 分：微动稳定性较好，会出现轻微滑动，不影响使用 1 分：微动稳定性差，无法使用	现场测试

续表

一级指标名称	一级指标释义	二级指标名称	二级指标释义	评分规则（供参考）	数据来源
B 设备技术性能	设备的技术规格、精度等级、结构特性、运行参数	B6 物镜切换卡位精准性	不同物镜同中心偏移（以 10× 为基准）	5分：<0.05mm 3分：<0.075mm 1分：<0.09mm	现场测试
C 适用性	适用性评价重点包括医疗设备技术特点、功能特点，设备使用适用于临床使用习惯或者操作规范	C1 聚光器兼容性	兼容物镜的放大倍率	5分：2倍或 2.5 倍 3分：4 倍 1分：10 倍	现场测试
		C2 镜头防霉性	目镜和物镜具有防霉功能	5分：有 0分：无	现场测试
D 易用性	医疗器械产品使用起来是否顺手好用、高效且令人满意	D1 载物台移动控制便捷性	载物台移动/控制简单方便性	5分：载物台移动控制直观、方便、简单 3分：载物台移动控制直观、方便 1分：载物台移动控制复杂、烦琐	单位用户评价
		D2 调焦定位手感	调焦定位时的手感	5分：调焦定位手感平滑、无卡顿、一致性好 3分：调焦定位无卡顿 1分：调焦定位一致性差、卡顿明显	单位用户评价
		D3 显微镜设计合理性	显微镜设计合理，符合使用需求	5分：显微镜设计合理，符合使用要求 3分：显微镜设计较合理，符合基本使用要求 1分：显微镜设计不合理，不符合基本使用要求	单位用户评价
		D4 设备易学性	设备操作简单、直接、容易上手	5分：设备操作逻辑直观，符合使用要求，简单易懂，易于上手 3分：设备操作逻辑不直观，较符合使用要求，较易上手 1分：设备操作逻辑不直观，操作复杂烦琐，不易于上手	单位用户评价

续表

一级指标名称	一级指标释义	二级指标名称	二级指标释义	评分规则（供参考）	数据来源
E 可靠性	在临床应用环境下的医疗器械可靠性，是设备、医护人员、患者、应用环境综合作用的结果，可靠性有关的指标包括：故障率、使用寿命、平均故障间隔时间、平均无故障工作时间等，主要通过医疗器械故障维修数据等途径来收集	E1 平均首次故障前工作时间	设备首次故障前工作时间的平均值（计算公式：首次发生故障前工作时间的总和/样本总量，单位：小时）	5分：平均首次故障前工作时间>3年 3分：平均首次故障前工作时间>1年且≤3年 1分：平均首次故障前工作时间≤1年	故障与运行数据或者医疗机构应用情况
		E2 平均故障间隔时间	设备的平均故障间隔时间（计算公式：多个样本设备正常工作时间总和/多个样本设备发生故障的总次数，单位：小时）	5分：平均故障间隔时间>1年 3分：平均故障间隔时间>0.5年且≤1年 1分：平均故障间隔时间≤0.5年	故障与运行数据或者医疗机构应用情况
		E3 故障率	工作到某一时刻尚未故障的设备，在该时刻后，单位时间内发生故障的概率（计算公式：1/平均故障间隔时间）	5分：产品故障率<0.01% 3分：产品故障率≥0.01%且<0.05% 1分：产品故障率≥0.05%	故障与运行数据或者医疗机构应用情况

表 15-11 数字病理切片扫描设备评价方案

一级指标名称	一级指标释义	二级指标名称	二级指标释义	评分规则（供参考）	数据来源
A 安全性	医疗器械的安全性包括三个方面:①对患者（样本）的安全性;②对医务人员和操作者的安全性;③对周围环境的安全性,如电磁辐射、毒物污染等	A1 漏电流	流经被测设备保护接地电路的电流	5分:符合标准 IEC61010 0分:不符合标准 IEC61010	现场测试
		A2 接地阻抗	mΩ,测量分析仪测试插座的保护接地端子,与连接到被测设备的保护接地端的被测设备外露的导电部分之间的阻抗	5分:符合标准 IEC61010 0分:不符合标准 IEC61010	现场测试
B 设备技术性能	设备的技术规格,精度、等级、结构特性,运行参数	B1 载玻片容量	可以扫描的最大载玻片容量	5分:单次最高能处理 300 片及以上载玻片 3分:单次最高能处理 5~300 片载玻片 1分:单次最高能处理 5 片以下载玻片	现场测试
		B2 扫描速度	15mm×15mm 的切片,20 倍物镜每片载玻片的扫描速度	5分:每片玻片扫描速度小于 20 秒 3分:每片玻片扫描速度在 20~30 秒 1分:每片玻片扫描速度在 30 秒以上	现场测试
		B3 放大倍率	扫描时能支持的最大放大倍率（看物镜的放大倍数）	5分:扫描支持最大放大倍率大于 40× 3分:扫描支持最大放大倍率等于 40× 1分:扫描支持最大放大倍率小于 40×	现场测试
		B4 扫描分辨率	在 20 倍物镜的情况下,扫描输出的分辨率	5分:扫描分辨率小于 0.2 μm/pixel 3分:扫描分辨率在 0.20~0.25 μm/pixel 1分:扫描分辨率大于 0.25 μm/pixel	现场测试
		B5 卡片率	工作过程中发生故障或停顿的概率（按片数）	5分:发生故障的概率<1/1000 3分:发生故障的概率>1/1000 且≤5/1000 1分:发生故障的概率>5/1000	专家咨询

续表

一级指标名称	一级指标释义	二级指标名称	二级指标释义	评分规则（供参考）	数据来源
C 适用性	适用性评价重点包括医疗设备技术特点,功能特点,设备使用适用于临床使用习惯或者操作规范	C1 扫描区域无缝拼接功能	扫描后输出的图像拼接后看不出明显的缝隙	5分:有 0分:无	现场测试
		C2 多层扫描功能	可以支持多层扫描的功能	5分:有 0分:无	现场测试
		C3 图像检查/评估功能	检查切片扫描图像质量的功能	5分:有 0分:无	现场测试
		C4 直接导出原图功能	可直接导出原图,导出格式为JPG,PNG,TIFF等	5分:有 0分:无	现场测试
		C5 卡片后自动恢复功能	卡片后将当前片子提出,继续扫描下一个片子	5分:有 0分:无	现场测试
		C6 提示功能	程序出错了报警或者工作结束后的提示(声音提示或界面提示)	5分:有 0分:无	现场测试
		C7 人工标注功能	对图像可进行人工标注	5分:有 0分:无	现场测试
		C8 系统兼容性	可兼容医院的HIS,LIS等系统	5分:可兼容 0分:不可兼容	现场测试

续表

一级指标名称	一级指标释义	二级指标名称	二级指标释义	评分规则（供参考）	数据来源
D 易用性	医疗器械产品使用起来是否顺手好用、高效且令人满意	D1 载玻片卡顿恢复便利性	载玻片发生卡顿时恢复简单方便程度	5分:载玻片发生卡顿时,处理非常简单 3分:载玻片发生卡顿时,处理简单 1分:载玻片发生卡顿时,处理困难	单位用户评价
		D2 界面设计合理性	设备界面设计合理、符合使用需求	5分:设备界面设计合理,符合使用要求 3分:设备界面设计较合理,符合基本使用要求 1分:设备界面设计不合理,不符合基本使用要求	单位用户评价
		D3 操作流程合理性	设备使用操作流程合理、符合使用逻辑	5分:设备操作流程设计合理,符合各类使用需求 3分:设备操作流程设计较合理,符合基本使用要求 1分:设备操作流程设计不合理,不符合基本使用要求	单位用户评价
		D4 设备易学性	设备操作简单、直接、容易上手	5分:设备操作逻辑直观,符合使用要求,简单易懂,易于上手 3分:设备操作逻辑不直观,较符合使用要求,较易上手 1分:设备操作逻辑不直观,操作复杂频琐,不易于上手	单位用户评价

续表

一级指标名称	一级指标释义	二级指标名称	二级指标释义	评分规则（供参考）	数据来源
E 可靠性	在临床应用环境下的医疗器械可靠性，是设备、医护人员、患者、应用环境综合作用的结果。可靠性有关的指标包括：故障率、使用寿命、平均故障间隔时间、平均无故障工作时间等。主要通过医疗器械故障维修数据等途径来收集	E1 平均首次故障前工作时间	设备首次故障前工作时间的平均值（计算公式：首次发生故障前工作时间的总和/样本总量，单位：小时）	5分：平均首次故障前工作时间＞3 年 3分：平均首次故障前工作时间＞1 年且≤3 年 1分：平均首次故障前工作时间≤1 年	故障与运行数据或者医疗机构应用情况
		E2 平均故障间隔时间	设备的平均故障间隔时间（计算公式：多个样本设备正常工作时间总和/多个样本设备发生故障的总次数，单位：小时）	5分：平均故障间隔时间＞1 年 3分：平均故障间隔时间＞0.5 年且≤1 年 1分：平均故障间隔时间≤0.5 年	故障与运行数据或者医疗机构应用情况
		E3 故障率	工作到某一时刻尚未故障的设备，在该时刻后，单位时间内发生故障的概率（计算公式：1/平均故障间隔时间）	5分：产品故障率＜0.01% 3分：产品故障率≥0.01%且＜0.05% 1分：产品故障率≥0.05%	故障与运行数据或者医疗机构应用情况

15.2　临床应用评价案例

　　本小节基于已建立的数字病理切片扫描仪评价方案，于 2024 年 4 月，开展了四款数字病理切片扫描仪评价，评价指标涉及安全性、设备技术性能、适用性、易用性、可靠性五个方面，评分结果如表 15-12 所示。安全性、设备技术性能、适用性方面指标通过临床工程人员现场测试获得相应数据（对于可以重复测试的指标，均重复测试三次，计算平均值），其中卡片率指标因无法开展现场测试故通过向 8 位病理科专家咨询的方式进行评估；易用性方面指标通过评价单位 8 位病理科专家讨论确定评估结果；可靠性方面指标则是通过收集故障与运行数据获取。

表 15-12　数字病理切片扫描仪评价结果

指标名称	评分值			
	规格型号 1	规格型号 2	规格型号 3	规格型号 4
A1 漏电流	5	5	5	5
A2 接地阻抗	5	5	5	5
B1 载玻片容量	5	3	1	5
B2 扫描速度	1	1	1	3
B3 放大倍率	3	3	3	3
B4 扫描分辨率	3	3	3	3
B5 卡片率	3	3	3	3
C1 扫描区域无缝拼接功能	5	5	5	5
C2 多层扫描功能	5	5	0	5
C3 图像检查/评估功能	5	5	0	0
C4 直接导出原图功能	5	5	0	5
C5 卡片后自动恢复功能	5	5	3	0
C6 提示功能	5	5	5	5
C7 人工标注功能	5	5	5	5
C8 系统兼容性	5	5	5	5
D1 载玻片卡顿恢复便利性	3	3	3	5
D2 界面设计合理性	5	5	5	5

续表

指标名称	评分值			
	规格型号 1	规格型号 2	规格型号 3	规格型号 4
D3 操作流程合理性	5	5	3	5
D4 设备易学性	5	5	5	5
E1 平均首次故障前工作时间	5	5	5	5
E2 平均故障间隔时间	5	5	5	5
E3 故障率	5	5	5	5
加权综合评分	4.07	4.02	3.68	4.32

从表 15-12 可以看出：①安全性方面，四款产品安全性均达到标准，漏电流和接地阻抗两个指标均符合标准 IEC 61010 的要求；②设备技术性能方面，四款产品在载玻片容量和扫描速度两个指标上得分差异较大，在放大倍率、扫描分辨率、卡片率三个指标上无差异但均未达到最佳性能；③适用性方面，规格型号 1 和规格型号 2 功能设计较为全面，而规格型号 3 缺少多层扫描功能、图像检查/评估功能、直接导出原图功能，规格型号 4 缺少图像检查/评估功能、卡片后自动恢复功能；④易用性方面，四款产品在界面设计合理性和设备易学性两个指标上均得到了满分，在载玻片卡顿恢复便利性上规格型号 4 优于其他三款产品，而在操作流程合理性上规格型号 3 相较其他三款产品处于劣势；⑤可靠性方面，四款产品均表现优异，在平均首次故障前工作时间、平均故障间隔时间、故障率三个指标上均到达了满分。

本小节通过综合评价明确且量化了不同规格型号数字病理切片扫描仪的性能差异，有助于相关国产企业有针对性的提高产品的性能、可用性、可靠性等。

第四篇

展 望

　　病理科未来的流程建设逐步从传统流程向着科学、合理的现代化流程发展,病理设备逐步实现信息集成化、技术自动化、设备标准化、发展绿色化、网络数字化、人工智能化。病理设备的临床应用评价作为验证设备上市后安全性、技术性能、临床适用性、易用性、可靠性等的重要途径和方法,不仅可以指导医疗机构快速选择高性价比的产品,而且有利于长期监测和提升产品的质量。部分地区(如浙江省、上海市、四川省、天津市等)已经依托当地医疗机构、医学工程等部门建成省市级医疗器械临床评价技术研究实验室或平台,但是医疗器械临床应用评价需求依然较大,虽然目前部分医疗器械的管理体系和评价体系已经得到了完善,但是仍有大量医疗器械的评价方法、评价应用、评价模式等评价体系相关内容需要弥补和完善。

第 16 章 病理设备创新发展趋势

病理诊断作为体外诊断的重要细分领域之一，是一种由病理医师通过观察临床样本（如通过手术切除、穿刺等获取的人体组织等）的组织结构、细胞形态、颜色反应等情况做出诊断的方法。病理诊断是目前诊断准确性最高的一种诊断方式，通常作为绝大部分疾病，尤其是癌症的最终诊断方法。病理诊断除诊断这一主要功能以外，还有指导临床的治疗、判断疾病的预后与疗效等功能。

病理诊断产业链的上游主要为设备、仪器、试剂的生产商，下游为各级医院病理科。第三方医学实验室、病理诊断中心等第三方检测机构位于产业链的中游，主要为下游医院提供病理诊断服务。

从 2011 年开始，我国就密集出台了一系列支持病理诊断行业发展的产业政策，尤其支持国产化的试剂和仪器来实现国产替代。2016 年 10 月，中共中央、国务院印发《"健康中国 2030"规划纲要》，提出了提高自主知识产权的医学诊疗设备、医用材料的国际竞争力，高端医疗设备市场国产化率大幅提高。2017 年 5 月，科技部、国家卫生计生委、体育总局、食品药品监管总局、国家中医药管理局、中央军委后勤保障部联合印发《"十三五"卫生与健康科技创新专项规划》，以加强创新医疗器械研发，推动医疗器械的品质提升，减少进口依赖，降低医疗成本；推动一批基于国产创新医疗的应用解决方案；扩大国产创新医疗器械产品的市场占有率。2019 年 11 月，财政部、商务部、税务总局多部门联合印发《关于继续执行研发机构采购设备增值税政策的公告》，以鼓励科学研究和技术开发，促进科技进步，继续对内资研发机构和外资研发中心采购国产设备全额退还增值税等。在国产替代、医保控费、分级诊疗等政策的支持下，我国病理诊断行业迎来了快速发展的良好机遇期。

目前，由于外资企业的产品与技术成熟，且进入国内市场较早，我国病理诊断市场（仪器和设备）主要被以徕卡、樱花、赛默飞为代表的外资品牌占据。然而，随着我国医疗器械企业技术的进步、配套产业链的成熟及政策的支持，国产品牌在病理诊断领域取得了较好的国产化成果。近年来，国产设备在性能、质量及稳定性等方面均有本质上的提高，市场逐渐开始接受国产设备。目前，国产品牌在病理诊断领域开始占据一席之地，逐步形成一定的市场竞争力。根据普华有策 2022 年的病理诊断行业调研报告及病理相关公司上市公告显示,以达科为为例,截至 2021 年 12 月末,其染色机、封片机和脱水机的增量市场占有率均已超过 25%,并且产品已经逐步进入部分三级医院。

未来,随着国内庞大的潜在市场需求的释放,行业将继续保持快速发展,叠加产业政策助力的国产化和国内企业的技术突破,我国病理诊断企业将迎来发展的黄金期。

与美国、日本、欧洲等发达国家和地区相比,我国由于病理诊断自动化程度低、对病理医师的技术性要求高、培养周期长等因素,病理诊断市场发展相对落后。2015 年国家病理科医疗质量报告显示,2014 年美国病理执业医师数为 28 万人,每名医师服务人口数为 11 万人,每万人中病理医师数量指标约为 0.9 人;而我国国内 2014 年病理执业医师数为 1.025 万人(不包含助理),每名医师服务人口数为 136 万人,每万人中病理医师数量指标仅为 0.1 人。

2009 年发布的《病理科建设与管理指南(试行)》(简称《指南》)中规定,每 100 张病床需配备 1~2 名病理医师。《2019 年全国病理质量报告》显示,在不同级别的医院中,全国平均每百张病床病理医师数量为 0.55 人,病理医师数量奇缺,各省、自治区、直辖市均未达到《指南》的最低要求(每百张床 1~2 名病理医师)。而全国平均每百张病床病理技术人员数也仅为 0.46 人;至少需要增加 2 倍以上的病理技术人员才能达到《指南》的最低要求。根据《2022 年我国卫生健康事业发展统计公报》,我国医疗卫生机构床位数为 974.99 万张,按平均 100 张配备 1 名病理医师计算,我国病理医师需求量为 9.7 万人。《2022 中国卫生健康统计年鉴》显示,我国病理科医生(包括执业医师和助理执业医师)人数仅为 1.7 万人,存在 8 万人的缺口。病理技术人员奇缺、病理科工作量大、病理技术人员超负荷运转,不仅难以提高病理科质控和诊断水平,而且同时存在着极大的医疗安全风险。病理医师与技术人员的严重缺乏已成为制约我国病理学发展的重要因素。

根据中国首个医院数据联盟(Hospital Information Alliance,HIA)发布的《中国首部公立医院成本报告(2015)》,我国公立医院各科室成本构成中,病理科人员成本占总成本比达到 46%,显著高于其他临床科室;而在检验、影像科室中,这一指标分别为 35%、27%。病理、检验、影像三个科室的设备配置方面,病理科室设备配置数量和种类均明显少于检验、影像科室。

我国病理检验行业受制于病理医师的严重不足,仅凭公立医院的资源难以全面满足病理诊断的需求,而引入第三方病理诊断中心可以有效解决病理诊断的供需失衡和医疗资源空间分布不均的问题。第三方病理诊断中心主要为各类医疗机构提供病理诊断服务,在病理诊断设备和医师资源方面具备明显的成本优势和专业化优势,在集约化经营下可以最大限度地提高病理诊断设备和病理医务人员资源利用率,并且可以大量承接来自基层医疗机构的标本外送,有效提升基层医疗机构病理诊断能力,充分优化医疗资源配置。

2009 年 12 月,国家卫生部印发的《医学检验所基本标准(试行)》第一次明确规定医学检验所可以开展病理学检查;2019 年 5 月,国家卫生健康委员会、国家中医药管理局联合印发的《城市医疗联合体建设试点工作方案》鼓励由牵头医院设置或者社会力量举办医学影像、检查检验、病理诊断和消毒供应等中心,为医联体①内各医疗机构提供同质化、一体化服务。引导社会办医、允许医师多点执业等相关政策不断出台,以支持和鼓励第三方病理诊断行业发展。根据弗若斯特沙利文数据,中国第三方医学诊断行业市场规模呈现上升趋势,近年来规模发展迅速,2016—2021 年我国第三方医学诊断市场规模年均复合增速达到 25.8%。2022 年我国第三方医学诊断市场规模达到 405 亿元。未来我国第三方医学诊断市场规模将以 7% 左右的年均复合增速进行增长。预计 2028 年,我国第三方医学诊断市场规模将突破 600 亿元。国家政策支持第三方检验机构发展壮大,分流公立医院诊断压力,提升病理资源利用效率,将会进一步推动病理诊断行业的发展。

病理诊断可分为取样、制片、染色、诊断四个环节,取样环节是否取到病变细胞、制片及染色后成片是否清晰等都会直接影响最终的诊断结果,因此对制片技术人员的专业水平具有较高的要求,目前自动化水平较低;由于病理诊断是通过对细胞层面的医学影像进行观察诊断,为防止漏诊,一个组织样本往往需制成多个切片,制片、染色、诊断、报告等各个环节耗时较长,相比于检验、影像科室,病理科诊断所需时间较长(如表 16-1 所示),需要投入更多专业人力。

表 16-1 检验科、影像科、病理科诊断所需时间

科室	检验名称		所需时间
检验科	生化、免疫类	肝肾功能	2 小时以内
		血糖、血脂、电解质	
		免疫常规	
	发光类	肿瘤标志物类	当日出结果
		甲状腺功能	
		性激素	
	细菌类	细菌涂片、染色检查	当日出结果
		普通细菌培养类检查	4 日以内

---

① 医联体:医疗联合体,是将同一个区域内的医疗资源整合在一起,通常由一个区域内的三级医院与二级医院、社区医院、村卫生室组成。

科室	检验名称	所需时间
影像科	X 线检查	1 小时以内
	超声检查	
	MRI	
病理科	常规小标本	3 日以内
	手术切除大标本	5 日左右
	免疫组化、分子病理	7～10 个工作日

由于病理检验的自动化水平较低，因此开展病理检验所需的时间较长。常规的病理检验所需时间至少在 3 天以上，如果有较为疑难的病症，需加做免疫组化或分子病理，所需的诊断时间达 7～10 天。相比之下，检验、影像科室的检验项目大部分在当天即可完成。

未来，病理设备的发展趋势主要表现在以下几个方面：硬件、软件、数字病理、人工智能（artificial intelligence，AI）等。

16.1 病理设备发展趋势——硬件

在医学技术的迅猛发展推动下，病理学领域的硬件设备正经历一场深刻的变革。这场变革不仅在提升诊断的准确性和效率方面取得了显著成就，而且在用户体验方面做出了重大改善。

自动化和高效率成为病理设备的主要发展方向。随着自动化技术的融入，病理实验室的工作流程得以显著优化，降低了人为因素造成错误的可能，提高了样本处理的一致性。例如，具备高速处理能力的自动化染色封片机不仅节约了时间，而且提高了切片的染色质量。

数字化和高级成像技术的整合也是重要的趋势。数字病理扫描仪可以生成高质量的数字图像，便于数据共享和远程诊断。同时，随着高分辨率成像技术的融入，如三维成像和高级显微技术，病理医师可以更准确地分析和解释组织样本。

用户友好的设计也日益受到重视。为了提高实验室工作人员的工作效率和舒适度，新一代的病理设备，如石蜡包埋系统和封片机，不仅功能全面，而且操作简便，降低了物理劳动强度。

环保和安全性也是未来病理设备发展的关键点。新型设备在减少有害化学品的使用和废物产生方面取得了进展,同时确保了实验室人员的安全。

随着技术的成熟和市场竞争的加剧,设备成本的降低使得更多的实验室能够购买和使用先进的病理设备。例如,一些高端扫描仪和显微镜正变得更加经济实惠。

病理相关设备的硬件在未来将继续朝着自动化、数字化、高级成像技术整合、用户友好设计、环保安全和成本效益等方向发展。这些进步将极大地促进病理学的发展,提高诊断的准确性和效率,从而更好地服务于医学和患者。

16.2　病理设备发展趋势——软件

病理学领域正在经历着巨大的变革,其中软件技术的发展起到了关键作用。在病理学领域,AI 和深度学习技术的应用正取得突破性进展。这些技术能够进行自动化图像分析,并帮助病理医师更准确地识别病变和疾病模式。AI 在病理学中的应用已经改变了诊断的方式,使诊断更快速和精确。

数字病理学涉及将病理样本数字化,使医生可以通过计算机查看和分析组织与细胞图像。数字病理学的兴起使得远程诊断和远程协作成为可能,提高了病理学的效率和可及性。

随着病理学数据量的增加,云计算和大数据分析变得至关重要。云平台可以安全地存储和管理大量的病理图像和相关数据,为医学研究和临床决策提供了强大的技术支持。大数据分析则有助于发现新的疾病模式和治疗方法。

增强现实(AR)和虚拟现实(VR)技术正在逐渐渗透到病理学中。这些技术可以为病理医师提供更直观和交互式的图像分析体验,使他们能够更深入地研究组织和细胞样本。

随着数字病理学的发展,医疗机构对数据格式和软件平台的标准化的需求不断增加。标准化有助于不同系统和设备之间的兼容性,同时也需要更严格的数据安全和隐私保护措施,以确保医疗数据的安全性。

目前,病理学软件正处于快速发展的阶段。越来越多的医疗机构和实验室正在采用数字病理学和 AI 技术,以提高诊断的准确性和效率。然而,病理学软件仍然存在标准化和数据安全方面的挑战,需要我们不断地努力来解决。

病理设备发展趋势中的软件技术正迅速改变着病理学的面貌。这些创新有望提高医学诊断的精确性和效率,为患者的健康提供更好的支持。随着技术的不断发展和完善,病理学领域将迎来更多令人振奋的变革。

16.3　病理设备发展趋势——数字病理

依据美国数字病理学会（Digital Pathology Association，DPA）的定义，数字病理（digital pathology）是一种以影像为基础的动态操作环境，可以用来取得（acquisition）、管理（management）和解读（interpretation）实体载玻片数字化所产生的病理资讯。在数字病理的发展历程中，全玻片影像系统（whole-slide imaging，WSI）的开发扮演了极为重要的角色。早期病理分析的影像仅能通过光学显微镜进行观察，并通过照相设备拍摄以取得临床医师选取的特定视野。然而，实体载玻片上所呈现的所有资讯都可能具有临床诊断上的意义，因此仅具有特定视野范围的影像照片只能作为学术研究或案例讨论的辅助工具，无法作为临床诊断的参考依据。直到能够获得全玻片完整影像的设备工具出现，借由实体载玻片的数字化影像直接进行诊断分析的愿景才得以迈步向前。

第一个全玻片数字影像系统即虚拟显微镜影像（the virtual microscope），是应用可用来组合人造卫星所拍摄的地貌影像的软件将光学显微镜拍摄的照片逐一拼接而成的。早期的系统，完成单一玻片的扫描须耗费 24 小时以上的处理时间，而且售价高昂，技术上的瓶颈大大降低了其应用上的便利性。随着数字影像科技的长足进步，现今市售的全玻片影像系统大多已改为由全自动的玻片扫描仪再加上影像工作站所组成，不但拥有可以同时快速处理多张玻片的完整扫描程序，而且可以进一步将玻片影像传输到工作站进行即时影像浏览等远端控制，能让不同单位的病理医务人员即时进行线上远程讨论。早期的全玻片影像系统多为研究使用，仅有少数的全玻片影像扫描系统通过了法规单位的验证要求，取得了医疗器材的上市许可，而且玻片的数字影像会受到扫描系统硬体组件和图像处理软件的大幅影响，如光学元件对影像变形及色彩偏差的校正情形、感光元件所能达到的解析程度、对焦系统的准确性、影像接合软体的误差等，都可能让玻片的数位影像产生偏差，无法百分之百地完整重现实体玻片的影像原貌。因此，早期美国食品药品监督管理局（Food Drug Administration，FDA）在审核全玻片影像系统的医疗器材上市许可时，其核准的预期用途大多仅限于协助病理师显示（display）、侦测（detection）、计数（counting）和分类（classification）不同的组织和细胞，无法代替实体玻片作为诊断分析的主要依据。

综上所述，数字病理未来的发展趋势主要为标准化的影像标准，以及影像原件标准，辅以标准化的数字化影像标准，以减少不同设备带来的图像差异。

16.4　病理设备发展趋势——人工智能

近年来,随着全玻片影像系统正式通过美国 FDA 审核并可用于临床诊断,已有愈来愈多研究人员尝试将人工智能(AI)技术导入数字病理领域,AI 已成为未来的发展趋势。例如,飞利浦公司以其数字病理影像系统为基础,进一步利用深度学习技术开发了 TissueMark® 软件,希望能协助临床病理医护人员筛选前列腺及卵巢等器官的肿瘤组织,此类软件目前大多仅限于研究用途。2021 年,美国 FDA 批准上市首个 AI 病理学产品——Paige Prostate,该产品用于帮助前列腺癌的初步诊断。

目前,病理诊断主要以手工操作为主导,而我国病理医师数量短缺成为限制病理行业发展的重要因素,AI 病理技术的出现有望解决这个问题。AI 病理技术可将病理切片标本扫描成高清的数字电子病理图像,通过 AI 算法分析数字图像、排除阴性切片,然后再由病理医师复核阳性切片,确定疾病种类,最后综合 AI 报告和病理医师检查出具病理诊断报告。病理设备通过将 AI 技术运用到病理诊断设备上,可以自动识别疑似病变区域,节省病理医师前期的筛选时间,使得一名医师可以同时操作多台病理检测设备,极大地提升了病理诊断的准确性和病理医师的诊断效率。未来,随着 AI 病理技术的不断成熟与应用场景的落地,病理诊断行业规模将会进一步扩大,对病理诊断设备的需求也将进一步增加。

AI 系统可减少病理医师的工作量。在传统病理读片的情况下,病变所占面积常常小于 1%,病理医师需要将精力花在成百上千万像素点的阴性范围内。如果 AI 病理技术投入临床使用,在保证灵敏度为 100% 的条件下,能够减少病理医师 65%～75% 的无谓读片工作,而临床医师只要将注意力集中在可疑位点即可。

AI 病理技术现阶段主要功能在于排除阴性样本,提示阳性区域,辅助病理医师提升病理诊断效率或替代病理医师进行某些疾病的诊断;影像科应用包括 AI 辅助快速成像与影像诊断两个方面,一方面通过 AI 辅助快速成像可以有效缩短检查时间,减少对人体的辐射伤害,另一方面通过机器学习训练算法可以实现计算机对疾病的影像诊断。

应用举例:目前 AI 病理技术较为典型的应用就是脱氧核糖核酸(DNA)倍体检测(细胞病理)。人体正常细胞为 2 倍体,分裂过程中的细胞处于 2～4 倍体状态,而肿瘤细胞会出现显著异常的 DNA 含量,即出现 4 倍体以上的异常 DNA 倍体细胞。通过对异常 DNA 倍体细胞的检测可以知道样本是否存在突变的细胞,在肿瘤的早期诊断中有较好的应用,能够有效提升诊断效率,提供标准化、数量化的检验指标。引入 AI

病理技术辅助甚至替代人工进行一些常规的病理诊断及癌症筛查,能够有效弥补人工诊断效率低、病理医师不足、缺乏统一质控管理等问题。

有深度学习支撑的 AI 能够以迅速、标准化的方式处理医学影像,分辨出单个小区域内被标注为"肿瘤"的像素,对可疑影像进行勾画、渲染,并以结构化的语言提出建议。

目前 AI 病理技术的研究主要有三个方面,包括开发模型、建立关联性和预后预测,可以覆盖从基层医院到三甲医院的不同应用场景。

目前,全球病理诊断市场容量为 320 亿美金,年复合增长率为 6.1%。由此可见,在病理医师紧缺与医保政策的支持下,AI 病理技术可成为临床诊断新的诊断程序,其市场前景非常广阔。

16.5　国产病理设备发展思考

病理诊断,尤其在癌症诊断中,被视为"金标准",其地位由钟南山院士的话——"临床病理水平是衡量国家医疗质量的重要标志"得到凸显。然而,尽管病理医师在医疗决策中扮演关键角色,被誉为"医生的医生",他们却常处于"幕后",收入和社会认可度与其工作的技术含量和重要性不成比例。我国的病理诊断行业面临着医生短缺和资源分布不均的挑战,病理医师需经过长时间的培训才能熟练诊断。病理科的地位和医师的收入在医技科室中排在较后位置。数字和智慧病理的发展有望改变这一现状,提高病理医师的工作效率,同时提升病理学在医疗领域中的地位。近几年来,在全球范围内,传统病理科已经步入数字化与智能化转型的进程之中。越来越多的大型医院与医疗中心开始将部分或者全部的实体玻片进行数字化,在全数字病理切片上完成诊断工作。全数字病理切片在全球范围内的广泛采用,为智慧病理系统的研发与规模化应用打下了坚实的基础。

2012 年,我国开始推广远程病理诊断。2015 年前后,得益于国家大力支持"互联网＋智慧医疗",我国远程病理会诊普及率快速提升。远程病理会诊的发展使得传统病理诊断和会诊模式突破了时空限制,大大提高了医疗机构的病理诊断质量和诊断效率。

碍于实际国情,相比欧美等发达国家和地区,我国病理诊断行业在数字化方面的发展较为缓慢和不充分,长久以来大部分病理诊断实践还是"一台显微镜＋病理组织切片"的传统人工诊断模式。但病理诊断在数字化方面的发展与积淀,仍然为我国病理诊断的智慧化奠定了不错的发展基础,使得在 2016—2017 年,我国基本与全球同步开启了智慧病理的发展。

智慧病理的出现,在促进病理医师诊断工作效率提升、改善病理资源分布不均现状的同时,也有力地推动了病理行业完成了数字化变革。

当下的智慧病理通常指主流的人工智能辅助病理诊断环节,但这只是智慧病理应用场景的一部分。目前常规病理制样的先进性仅限于自动化脱水、包埋和染色等制样环节,还缺乏基于病变可视化信息(包括临床和分子影像等)的自动化智慧取材、基于器官组织个体化特性的智慧制样与质控(包括免疫组织化学染色和分子病理)等。

智慧病理诊断也不仅限于基于组织、细胞的形态学特征进行辅助诊断,而是应集患者临床症状和体征信息、临床检验结果和影像信息、病理形态与免疫组化、分子病理于一体,通过 AI 辅助诊断系统获得的"病理表型组"整合式病理智慧辅助诊断。整合式病理智慧辅助诊断是下一代诊断病理学(next-generation diagnostic pathology,NGDP)的核心内涵。

下一代诊断病理学应以病理形态和临床信息为诊断基础,以分子检测与生物信息分析、智慧制样与流程质控、智能诊断与远程会诊、病灶活体可视化与"无创"病理诊断等创新前沿交叉技术为主要特征,以多组学和跨尺度整合诊断为病理报告内容,实现对疾病的"最后诊断",并预测疾病演进和结局,建议治疗方案和评估治疗反应,形成新的疾病诊断"金标准"。

构建下一代诊断病理学体系应关注以下四个方面。第一,整合式病理表型组智慧诊断是下一代诊断病理学的核心内涵,它集临床症状和体征信息、临床检验和影像信息、病理形态与分子信息于一体,通过 AI 辅助诊断系统获得"病理表型组"整合式诊断。第二,病理取材和制样的标准化、自动化和智慧化是获取病理表型组数据的基础。第三,无创或微创病理诊断是下一代诊断病理学的重要发展方向。传统病理诊断途径大多是有创的、体外观测和非实时动态的。下一代诊断病理学还要发展基于分子影像高分辨率与实时动态的功能可视化以实现原位、无创或微创的病理诊断。第四,多中心疾病表型组资源共享是下一代诊断病理学技术应用效果的保证。科学构建协作机构(单位)的标准化、结构化的健康和医疗大数据,建立基于法规和指南的病理数据共享与应用机制,将有助于形成计算病理学理论和技术,促进下一代诊断病理学的发展。

我国国产病理设备不应该局限于切片扫描设备和软件的数字化与智能化。为缓解病理医师人才队伍短缺带来的问题,大量减少病理切片制作流程中带来的机械劳动时间,国产病理设备应该在病理切片制作流程的每个阶段进行各种程度上的整合、数字化或自动化,从而减少机械劳动造成的无用时间浪费,让病理医师把时间真正专注在病理诊断上。

第 17 章 评价体系的展望

据医械数据云(medical device data cloud,MDCloud)统计,2022 年我国全国境内医疗器械产品首次注册共计 15071 件,相较于 2021 年同比增长 9.8%。2021 年全国不良事件报告共计 65.07 万份,同比 2020 年增加 21.39%。在精简注册审批的同时,部分产品大规模临床应用评价相对缺失,不良事件数量相对上升。目前,医疗器械快速注册和不良事件频发矛盾较为突出,急需开展医疗器械的临床应用效果评价。

随着病理学在临床医学中的重要性不断提高,病理设备的质量和性能成为诊断准确性和治疗效果的保证。因此,建立系列的、全方位的病理设备评价体系对于促进病理学的发展和医疗技术的提高至关重要。目前,全球对于病理设备的临床应用评价仍处于起步阶段,未来病理设备评价体系在评价方法、评价应用、评价模式等多个维度还有很大的改进空间。

17.1 评价方法

随着医疗技术的不断进步,病理设备在不断地更新换代,未来的病理设备评价方法需要与时俱进,适应医疗技术的不断发展和变化,形成更加全面、科学、客观的评价标准和方法。

17.1.1 多模态评价

未来的病理设备评价方法需要多种评价方法(包括实验室测试、临床试验、AI 分析等方法)相结合,从不同的角度和层面综合评估病理设备的性能和质量。实验室测试通过使用分析仪器对病理设备性能指标的准确度、均匀性等进行精确测量,这些数据可以为后续的分析和评价提供客观依据,有助于医疗机构医务人员发现设备的潜在问题和改进方向;临床试验主要是通过专家对病理设备试用后,运用李克特量表法中的五级表打出心理评价分值，最终求出所有专家对病理设备的心理评价均值，有助于更全面地了解病理设备在实际使用中的表现，从而为设备的优化和升级提供参考；AI 分析则可借助眼动仪和脑电仪等高科技产品获取诸如注视时间、注视次数、注视转换频次、扫描路径等眼动信息，以及思维、感知、认知、决策和心理活动等整个大脑的神经活动信息，通过对这些信息的深入分析，可以更深层次地了解操作人员对设备的喜好和需求，为设备的人性化设计和优化提供有力支持。医疗机构医务人员通过对不同维度评价方法的综合应用，有助于更全面地对病理设备展开评价。

17.1.2 大数据分析

大数据分析指对规模巨大的数据进行分析，在病理设备评价中的应用具有巨大的潜力。医疗机构医务人员通过对大量设备使用数据、故障数据、维修数据等进行深入挖掘和分析，可以更加客观、准确地评价设备的性能和质量，帮助揭示设备在使用过程中的异常情况，以发现潜在问题、改进方向及市场需求，为设备的改进和优化提供更好的支持。同时，大数据分析还可以用于分析病理设备的使用寿命，为病理设备的可靠性和安全性评价提供数据支撑，为病理设备的维护和更换提供科学依据，将有助于企业更好地了解市场需求。大数据分析可以通过对市场销售数据、用户反馈数据等信息的分析实现病理设备的社会经济效益评价，将有助于企业更准确地把握市场趋势，制定合适的产品策略，也能为政府和企业提供更有针对性的政策建议和市场预测。由于医疗器械领域数据规模庞大，因此大数据分析在医疗器械评价领域有着广泛的应用前景，将使针对病理设备的评价更加科学和系统。

17.1.3 知识图谱

知识图谱是一种结构化和决断性的知识表征形式，能使病理设备的评价更加准确和明晰。知识图谱是以应用数学、图形学、信息科学等理论方法为基础，利用可视化的图谱形象地展示整体知识架构的现代理论。作为一种新兴的数据组织和表示方法，知识图谱可以为病理设备评价体系提供更丰富的信息来源和更高效的数据处理能力。通过构建病理设备的知识图谱，将设备的性能参数、使用方法、故障案例等信息进行有机整合，形成一个全面、系统的评价体系。通过对设备的性能参数、使用方法等进行关联分析，医疗机构医务人员可以发现不同设备之间的相似性和差异性，有助于针对不同品牌的病理设备开展比较性评价，这样可以方便操作人员快速查询和比较不同设备的性能和质量，从而为设备的优化和升级提供有力支持。

17.2 评价应用

　　随着医疗技术的不断发展和进步,病理设备在医疗领域中扮演着越来越重要的角色,对病理设备的评价也将成为医疗行业中不可或缺的一部分,未来的病理设备评价体系将会有更多的应用场景和应用方向,包括治疗决策、研究开发、质量控制等。

17.2.1 治疗决策

　　病理设备评价体系的应用对于病理医师制订治疗方案具有重要意义。不同的病理设备在性能和功能上有所差异,针对不同的病理类型和病变程度,需要选择相应的设备。病理设备评价体系的应用可以帮助病理医师了解病理设备的性能和限制,帮助病理医师选择合适的设备,从而使医生在治疗决策中更好地权衡利弊,在制订治疗方案时更加科学和精准。

17.2.2 研究开发

　　病理设备评价体系的应用可以促进病理设备的研究开发。首先,病理设备评价体系可以帮助制造商了解市场需求和竞争态势,通过对市场上现有设备的评价,明确自己的产品定位,优化产品设计,提高产品质量;其次,病理设备评价体系可以为病理设备的改进提供指导,通过性能和质量评价,发现设备存在的问题和不足之处,促使制造商不断优化产品,提高产品的竞争力;最后,病理设备评价体系可以发现现有设备在某些方面的局限性,为病理设备的创新提供思路。

17.2.3 质量控制

　　病理设备评价体系的应用可以帮助医疗机构进行质量控制。医疗机构通过建立系统的病理设备评价体系,可以对病理设备进行定期检测和监控,了解设备的使用情况是否正常,是否存在故障或损坏,通过及时发现问题并采取相应的措施,可以确保病理设备的性能和质量得到保障,从而提高医疗机构的设备管理水平和服务水平。

17.3　评价模式

为了提高病理设备评价的效率,未来的病理设备评价需要在评价模式上有所创新,通过优化评价流程,以实现更高效、更科学的病理设备评价,推动病理设备评价工作的普及和推广。

17.3.1　标准化评价

未来的病理设备评价需要建立一套标准化的病理设备评价方法和指标体系,以保证评价结果的可比性和可重复性,这对于病理设备的质量控制和监管具有重要意义,且有助于提高整个行业的水平和竞争力。同时,评价结果应该能够与国际标准接轨,以便更好地促进国际交流和合作,同时提高我国在国际舞台上的地位和影响力,推动我国医疗设备产业的发展。

17.3.2　反馈机制

病理设备评价应该具备反馈机制,以便在病理设备评价体系的应用过程中根据评价反馈的结果不断更新和优化病理设备评价体系和评价流程,通过不断地改进和完善,确保病理设备评价体系的准确性和可靠性,同时提高病理设备评价体系的科学性。

17.3.3　人机协同评价

未来的病理设备评价应充分考虑人机协同的因素,将操作人员的主观经验和判断能力与机器的客观性能相结合,结合主客观指标更准确地评估设备的性能和质量,以及设备的实际应用效果和临床诊断价值。

参考文献

[1]卞修武,张培培,平轶芳,等.下一代诊断病理学[J].中华病理学杂志,2022,51(1):3-6.

[2]步宏.数字病理科和病理人工智能发展现状与展望[J].临床与实验病理学杂志,2023,39(7):769-771.

[3]蔡琼慧.美肯石蜡包埋机故障分析两例[C]//浙江省医学会,浙江省医学会医学工程学分会.2019浙江省医学会医学工程学术大会论文汇编,2019:216.

[4]曹泽良,徐海,李辉.提高产品质量的方法[J].医药前沿,2012,2(8):354-356.

[5]陈杨,刘盛均,王安群.HE制片中自动化设备的应用[J].诊断病理学杂志,2021,28(3):235-236.

[6]储呈晨,王龙辰,李斌.临床医学工程技术评价的现状与未来[J].华西医学,2019,34(6):599-606.

[7]崔锦珠,陈玲,黄克强,等.国产全自动染色机在常规染色中的应用[J].诊断病理学杂志,2019,26(1):66-67.

[8]董健,丁伟.一种新型样本托在冷冻制片全流程管理中的应用[J].临床与实验病理学杂志,2022,38(3):371-372.

[9]范玲丽.环保试剂在病理全自动染色机中的应用[J].诊断病理学杂志,2021,28(5):391,394.

[10]范玲丽.全自动染色机及封片机在病理制片中的应用[J].临床合理用药杂志,2016,9(13):152-153.

[11]方明刚,巩林芳.一种病理组织烤片机的研制[J].中国医疗设备,2012,27(4):16-18.

[12]高冬.ECMO专科护士核心能力评价指标体系的构建[D].青岛:青岛大学,2022.

[13]广证恒生新三板研究极客.探究疾病机理,回归诊断价值,病理爆发"理"所当然[EB/OL].(2019-04-18)[2023-09-01].https://www.sohu.com/a/308901030_354900.

[14]国家卫生计生委,国家中医药管理局.关于印发全面提升县级医院综合能力工作方案的通知[EB/OL].(2014-08-26)[2023-09-01].http://www.nhc.gov.cn/yzygj/s3594q/201408/cfa26287bea747fa8916eeb9f7b7f576.shtml.

[15]国家卫生计生委.国家卫生计生委关于印发病理诊断中心基本标准和管理规范

（试行）的通知[EB/OL].（2016-12-21）[2023-09-01]. http：//www. nhc. gov. cn/yzygj/s3594q/201612/3e417d14d8ca46b9919c6824231c6174. shtml.

[16]国家药品监督管理局.国家药监局关于发布医疗器械临床评价技术指导原则等5项技术指导原则的通告（2021年第73号）[EB/OL].（2021-09-28）[2023-09-01]. https：//www. nmpa. gov. cn/ylqx/ylqxggtg/20210928170338138. html.

[17]国家药品监督管理局.医疗器械补体激活试验 第3部分：补体激活产物（C3a和SC5b-9）的测定：YY/T 0878. 3-2019[S]. 2019.

[18]海尔医疗金融.分级诊疗|试点500个县域医共体,100个城市医联体,官方有指导！[EB/OL].（2019-06-12）[2023-09-01]. https：//www. sohu. com/a/320046905_100119490.

[19]何蓉,易静,何小清,等.不同组织蜡块封存方法的实验室应用研究[J].江西医药,2021,56(6)：764-765.

[20]黄泳军,骆新兰,朱小兰,等.全自动染色机脱水、透明试剂量与效果的分析[J].诊断病理学杂志,2018,25(9)：662-663.

[21]霍临明.中国合格评定国家认可委员会制定的《医学实验室质量和能力认可准则》简介[J].中华病理学杂志,2007,36(5)：347.

[22]IVD资讯.超400亿！病理诊断行业分析！[EB/OL].（2023-06-21）[2023-09-01]. https：//www. cn-healthcare. com/articlewm/20230621/content-1568108. html.

[23]科学技术部办公厅."十三五"卫生与健康科技创新专项规划[J].血管与腔内血管外科杂志,2017,3(4)：919-930.

[24]孔静萍,王红卫,张雯静,等.Leica自动染色机盖片机的使用体会[J].现代实用医学,2008(6)：482.

[25]赖蛟娇.数字切片扫描系统的快速聚焦与图像拼接技术的研究[D].杭州：浙江大学,2020.

[26]李佳戈,郝烨,侯晓旭,等.数字切片扫描仪产品主要性能指标的检验方法初探[J].中国医疗设备,2014,29(11)：69-71.

[27]李敏娟,李潇,苟薹,等.基于模糊综合评价法的有创呼吸机处置评价体系研究[J].中国医学装备,2022,19(11)：164-169.

[28]梁靓,韩雪,韩文丽,等.激光打印与热转印打印技术在病理工作中的选择与比较[J].实用医技杂志,2022,29(4)：442-443.

[29]梁晓辉,赵秀兰,刘增辉,等.两种全自动HE染色机在常规病理中的应用对比[J].临床与实验病理学杂志,2018,34(11)：1279-1281.

[30]廖世贤,黄海鑫,匡亚玲.一种病理组织漂片多功能一体机的设计[J].电子产品世界,2020,27(10)：53-55.

[31]刘庚勋,李正贤,罗胜权.生物组织石蜡包埋机的改进与应用[J].中国医疗设备,2008(2):107-108.

[32]刘佳琦,陈英耀.三种大型医用设备使用适宜性评价及分析[J].中国卫生政策研究,2013,6(2):40-43.

[33]卢朝辉,陈杰.2019年全国病理质量报告[J].中华病理学杂志,2020,49(7):667-669.

[34]卢如意,孙静,张倩,等.可视五官镜评价指标体系的建立与应用[J].医疗装备,2021,34(3):1-3.

[35]卢如意,孙静,张倩,等.一次性单孔腹腔镜穿刺器评价指标体系的建立与应用[J].医疗装备,2021,34(21):1-3,16.

[36]卢如意,孙静,张倩,等.一次性使用支气管封堵器评价指标体系研究与应用[J].中国医疗设备,2021,36(9):122-124,129.

[37]卢如意,叶秋萍,孙静,等.多参数监护设备评价指标体系建立研究[J].中国医院建筑与装备,2022,23(4):72-76.

[38]马健波,李岚,张睿,等.浅谈做好全自动染色机苏木精染色系统质量管控的体会[J].诊断病理学杂志,2023,30(2):202-203.

[39]毛海洋.我国病理人才队伍的发展困境及建议 访中华医学会病理学分会原主任委员陈杰[J].中国卫生人才,2018(1):16-20.

[40]毛易.2019中国毛发医疗产业领袖论坛共谋行业未来发展之路[J].现代养生(下半月版),2019(6):8-10.

[41]邱春冬,马思雨,孟亚兵,等.基于德尔菲法和层次分析法构建医院内部配置大型医疗设备评价指标的研究[J].江苏卫生事业管理,2023,34(1):110-115.

[42]邱亚玲,吴在增.三款包埋盒书写仪在常规病理技术中的应用比较[J].临床与实验病理学杂志,2018,34(7):810-811.

[43]施海滨,樊佳佳,朱亚鹏.临床医学工程技术评价的现状与发展分析[J].名医,2022(6):53-55.

[44]舒毅.数字病理远程诊断平台构建与应用[J].医学信息学杂志,2020,41(11):64-67.

[45]孙静,卢如意,金以勒,等.呼吸机中央集成报警管理系统报警信息研究[J].中国医院建筑与装备,2023,24(7):96-100.

[46]万方.高通量数字病理切片扫描仪的关键技术研究[D].杭州:浙江大学,2021.

[47]王伯沄,王文勇,闫庆国,等.我国病理技术学的发展[J].诊断病理学杂志,2013,20(1):1-3.

[48]王华,张诗武.全自动染色封片工作站在常规病理染色工作中的应用[J].诊断病理学杂志,2017,24(7):552-553.

[49]王敏,虞继红.全自动染色机在免疫组织化学染色中的应用[J].中国乡村医药,2020,27(9):55-56.

[50]王鹏雁,李梅,杨春明,等.全自动染色机应用于术中冷冻切片的可行性探讨[J].诊断病理学杂志,2019,26(12):800-803.

[51]王赛.有限标注下的病理图像细胞检测研究[D].北京:北京交通大学,2021.

[52]王伟,薛晓伟,倪灿荣,等.中国病理装备大全[M].北京:中国医学装备协会病理装备分会,2020.

[53]王潇雨,甘贝贝,张磊,等.提高中国医学科技创新"加速度"[EB/OL].(2018-03-17)[2023-09-01].http://health.people.com.cn/n1/2018/0317/c14739-29873298.html.

[54]王懿辉,吴满琳.区域性病理诊断中心建设模式分析[J].现代医院管理,2016,14(1):60-62.

[55]未来智库.病理诊断行业深度报告:长期被忽略的"医学之本"[EB/OL].(2021-06-10)[2023-09-01].https://baijiahao.baidu.com/s?id=1702159454416640605&wfr=spider&for=pc.

[56]未来智库.病理检测与诊断行业深度研究报告[EB/OL].(2019-11-08)[2023-09-01].https://www.vzkoo.com/read/c8274a2a700c21c97aea3f6cefe89c09.html.

[57]魏建新,程菊,冯庆敏,等.医疗设备临床应用风险评价指标体系的建立[J].中华医院管理杂志,2016,32(2):135-138.

[58]翁密霞,彭丽,罗丹菊,等.病理科仪器设备检定和校准管理的实践与思考[J].中华病理学杂志,2022,51(2):2.

[59]吴超,江鑫富,温涛.石蜡包埋机故障维修2例[J].北京生物医学工程,2021,40(1):106.

[60]熊伟,孙静,卢如意,等.可视喉罩临床效果评价指标体系的构建[J].中国医疗设备,2021,36(9):139-142.

[61]薛浩,贾文霄,程敬亮,等.MRI设备可靠性评价指标体系的构建[J].中国医学影像技术,2020,36(1):134-137.

[62]颜亚晖,郑晖.病理常规制片常用仪器设备的管理及使用[C]//中华医学会病理学分会.中华医学会病理学分会2006年学术年会论文汇编,2006:118-119.

[63]杨黎明.病理学第二课堂 病理学切片技术[J].医学信息(上旬刊),2011,24(3):1158-1160.

[64]杨明泰,彭海,李玉伟,等.基于层次分析法的医疗设备质量评价体系研究[J].中国当代医药,2021,28(24):212-215.

[65]杨锐,蒋丽超,于婉超,等.胶带自动盖片机与盖玻片自动盖片机比较[J].诊断病理学杂志,2020,27(11):843-844.

[66]杨升富,王丽娇,张桂平.基于层次分析法的医疗设备质量管理评价指标体系的构建[J].医疗装备,2022,35(15):57-59.

[67]杨升富,王丽娇,张桂平.基于层次分析法的医疗设备质量管理评价指标体系的构建[J].医疗装备,2022,35(15):57-59.

[68]杨升富.珊顿石蜡包埋机故障分析与处理[J].北京生物医学工程,2016,35(5):549.

[69]杨文涛.病理常规设备保养与维护经验分享[C]//浙江省医学会.2019年浙江省病理技术学术大会暨第六届长三角病理技术学术会议论文汇编,2019:218-222.

[70]佚名.病理科建设与管理指南(试行)[J].中国卫生,2009(4):2.

[71]佚名.卫生部办公厅关于印发《病理科建设与管理指南(试行)》的通知(卫办医政发〔2009〕31号)[J].中华人民共和国卫生部公报,2009(6):39-41.

[72]于芳,李纯.Dakewe DP260全自动智能染色机在细胞染色中的使用体会[J].诊断病理学杂志,2017,24(3):205,209.

[73]于健伟,羊月祺,竺明月,等.基于真实世界数据的婴儿培养箱应用效果评价方法及应用[J].现代仪器与医疗,2023,29(2):27-32.

[74]张迪,刘俊娇,刘越泽.医疗设备管理能力评价体系的构建及信效度分析[J].护理研究,2021,35(8):1499-1501.

[75]张仁敏.医疗设备可用性工程与使用安全性[J].医疗卫生装备,2013,34(7):101-102,121.

[76]张淑正,张效娟.浅谈全自动染色机HE染色程序调试[J].诊断病理学杂志,2021,28(10):876-877,879.

[77]张志清.确定标准完整性、适宜性、适用性的见解[J].中国医疗器械信息,2011,17(7):42-44.

[78]赵振刚,吕莉.简析病理学的常用技术原理及实施要点[J].中国医药指南,2016,14(8):298-299.

[79]浙江大学医学院附属第一医院.一种全自动组织包埋机:CN202223571810.1[P].2023-04-25.

[80]郑波,李悦,赵安迪,等.激光打印技术在病理技术流程中的应用[J].中国医学装备,2018,15(9):32-35.

[81]郑波,李悦,赵安迪,等.激光打印技术在病理技术流程中的应用[J].中国医学装备,2018,15(9):32-35.

[82]郑海燕,方庆全,蔡小芬.术中快速病理诊断技术的优化[J].中国现代药物应用,2023,17(6):91-94.

[83]中国政府网.医疗器械监督管理条例[EB/OL].(2021-03-19)[2023-09-01].https://www.nmpa.gov.cn/xxgk/fgwj/flxzhfg/20210319202057136.html.

［84］钟学军,刘柱新,张杰,等.实验室信息系统在石蜡切片标签管理中的应用[J].诊断病理学杂志,2019,26(9):620-621.

［85］庄志红.石蜡包埋机系统设计[J].中国医疗设备,2008(2):20-22.

［86］BOULKEDID R,ABDOUL H,LOUSTAU M,et al. Using and reporting the Delphi method for selecting healthcare quality indicators:a systematic review[J]. PLoS One,2011,6(6):e20476.

［87］BUCKLEY C. Delphi:a methodology for preferences more than predictions[J]. Librar manag,1995,16(7):16-19.

［88］CORVIN JA,CHINA I,LOI CXA,et al. Analytic hierarchy process:an innovative technique for culturally tailoring evidence-based interventions to reduce health disparities[J]. Health Expectations,2020,24(Suppl 1):70-81.

［89］CRISP J,PELLETIER D,DUFFIELD C,et al. The Delphi method? [Z]. 1997:8-116.

［90］DALKEY N,HELMER O. An experimental application of the Delphi method to the use of experts[J]. Management Science,1963,9(3):458-467.

［91］EZZAT AEM,HAMOUD HS. Analytic hierarchy process as module for productivity evaluation and decision-making of the operation theater [J]. Avicenna Journal of Medicine,2016,6(1):3-7.

［92］FENG N,DONG Y,LIU S,et al. The construction of Chinese indicator system on public health field investigation and short-term study hub:experience and implications[J]. Global Health Research and Policy,2022,7(1):40.

［93］PARK G. Implementing alternative estimation methods to test the construct validity of Likert-scale instruments. [Z]. 2023:85-90.

［94］GUANG JW,TIAN BH,LI H,et al. Prediction of extracapsular extension in prostate cancer using the Likert scale combined with clinical and pathological parameters [J]. Frontiers in Oncology,2023,13.

［95］HAWKES R-C,FRYER T-D,SIEGEL S,et al. Preliminary evaluation of a combined microPET-MR system. [Z]. 2010:53-60.

［96］ING EB. The use of an analytic hierarchy process to promote equity,diversity and inclusion[J]. Canadian Journal of Surgery,2022,65(4):E447-E449.

［97］JORM AF. Using the Delphi expert consensus method in mental health research [J]. Australian Mathsemicolon New Zealand Journal of Psychiatry,2015,49(10):97-887.

［98］KING DF,KING LAC. A brief historical note on staining by hematoxylin and eosin[J]. The American Journal of Dermatopathology,1986,8(2):168.

[99]MAKHMUTOV R. The Delphi method at a glance[J]. Pflege,2021,34(4):221.

[100]MARIA FD,CESARI D,MAALOUF A. Intrinsic sustainability assessment at technosphere level by adapting entropy based ecologic indicators. A preliminary analysis for some main waste treatment processes[J]. Science of the Total Environment,2022,838(Pt 1):156001.

[101]MCPHERSON S, REESE C, WENDLER MC. Methodology update[J]. Nursing Research,2018,67(5):404-410.

[102]SABIA G,MATTIOLI D,LANGONE M,et al. Methodology for a preliminary assessment of water use sustainability in industries at sub-basin level[J]. Journal of Environmental Management,2023,343:118163.

[103]SCHMIDT K,AUMANN I,HOLLANDER I,et al. Applying the analytic hierarchy process in healthcare research:a systematic literature review and evaluation of reporting[J]. BMC Medical Informatics and Decision Making,2015,15(1):112.

[104]SKIADAS M,AGROYIANNIS B,CARSON E,et al. Design,implementation and preliminary evaluation of a telemedicine system for home haemodialysis[J]. Journal of Telemedicine and Telecare,2002,8(3):157-164.

[105]SUN R, ALDUNATE RG, PARAMATHAYALAN VR, et al. Preliminary evaluation of a self-guided fall risk assessment tool for older adults[J]. Archives of Gerontology and Geriatrics,2019,82:94-99.

[106]TAZE D, HARTLEY C, MORGAN AW, et al. Developing consensus in histopathology:the role of the Delphi method[J]. Histopathology,2022,81(2):159-167.

[107]TITFORD M. The long history of hematoxylin[J]. Biotechnic & Histochemistry,2005,80(2):73-78.

[108]URBANOSKI KA,MULSANT BH,WILLETT P,et al. Real-world evaluation of the resident assessment instrument-mental health assessment system[J]. The Canadian Journal of Psychiatry,2012,57(11):687-695.

[109]VARNDELL W, FRY M, LUTZE M, et al. Use of the Delphi method to generate guidance in emergency nursing practice:a systematic review[J]. International Emergency Nursing,2020,56:100867.

[110]WANG S, LI L, JIN Y, et al. Identifying key factors for burnout among orthopedic surgeons using the analytic hierarchy process method[J]. International Journal of Public Health,2023,68:1605719.

[111]YANG Y,CAO M,SHENG K,et al. Longitudinal diffusion MRI for treatment

response assessment: preliminary experience using an MRI-guided tricobalt 60 radiotherapy system[J]. Medical Physics,2016,43(3):73-1369.

[112] ZBYTNIEWSKA M,SALZMANN C,RANZANI R,et al. Design and preliminary evaluation of a robot-assisted assessment-driven finger proprioception therapy[C]// 2022 International Conference on Rehabilitation Robotics (ICORR). IEEE,2022:1-6.